# 改变世界的科学

## THE SCIENCE
## THAT CHANGED THE WORLD

数学

物理学

化学

天文学

地学

生物学

医学

农学

计算机
科学

上海出版资金项目
Shanghai Publishing Funds

王 元 主编

# 改变世界的科学
## 计算机科学的足迹

沈富可 曹红霞 刘莉 胡杨 韩露 丁祎·著

上海科技教育出版社

**图书在版编目(CIP)数据**

计算机科学的足迹/沈富可等著. —上海:上海科技教育出版社,2015.11(2022.6重印)

(改变世界的科学/王元主编)

ISBN 978-7-5428-6200-6

Ⅰ.①计… Ⅱ.①沈… Ⅲ.①计算机科学—青少年读物 Ⅳ.①TP3-49

中国版本图书馆CIP数据核字(2015)第057300号

| | |
|---|---|
| **责任编辑** | 卢 源 |
| **装帧设计** | 杨 静 汪 彦 |
| **绘　图** | 黑牛工作室 吴杨嬗 |

改变世界的科学
**计算机科学的足迹**
**丛书主编** 王 元
**本册作者** 沈富可 曹红霞 刘 莉
　　　　　 胡 杨 韩 露 丁 祎

| | |
|---|---|
| **出版发行** | 上海科技教育出版社有限公司 |
| | (上海市闵行区号景路159弄A座8楼 邮政编码201101) |
| **网　址** | www.sste.com www.ewen.co |
| **经　销** | 各地新华书店 |
| **印　刷** | 天津旭丰源印刷有限公司 |
| **开　本** | 787×1092　1/16 |
| **印　张** | 14 |
| **版　次** | 2015年11月第1版 |
| **印　次** | 2022年6月第3次印刷 |
| **书　号** | ISBN 978-7-5428-6200-6/N·936 |
| **定　价** | 69.80元 |

# "改变世界的科学"丛书编撰委员会

从 20 000 年前的古老陶片到 20 世纪末的神奇碳纳米管，

从 5000 年前美索不达米亚的早期天文观测到 21 世纪的星际探索，

从 3000 年前记录的动植物学知识到 2000 年人类基因组草图完成，

……

一项项意义深远的科学发现，

就像人类留下的一个个深深的足迹。

当我们串起这些足迹时，

科学发现过程的精彩奇妙，

科学探索征途的蜿蜒壮丽，

将一览无余地呈现在我们面前！

1863 年

13 世纪后期

约公元前 18 000 年

亲爱的朋友们
请准备好你们的好奇心
科学时空之旅
现在就出发！

约公元前 3 世纪

2000 年

1026 年

约公元前 90 年

# 目 录

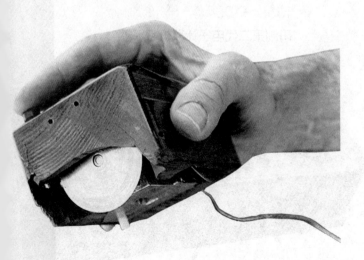

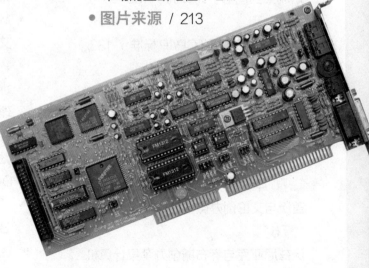

# 公元前3世纪

# 二进制在中国萌芽

卦爻是由阴爻和阳爻组成的，二进制数则是由0和1两个数码构成的。二进制与卦爻之间有着奇妙的联系。那么，卦爻是一套怎样的系统？古代的中国人又是怎样用卦爻研究万物的？

| | | |
|---|---|---|
| 坤 ☷ | 000 | 0 |
| 艮 ☶ | 001 | 1 |
| 坎 ☵ | 010 | 2 |
| 巽 ☴ | 011 | 3 |
| 震 ☳ | 100 | 4 |
| 离 ☲ | 101 | 5 |
| 兑 ☱ | 110 | 6 |
| 乾 ☰ | 111 | 7 |

二进制数是用0和1两个数码来表示的数，它的基数为2，进位规则是"逢二进一"，由德国数学家、哲学家莱布尼茨发明。二进制是计算技术中广泛采用的一种数制。其实早在公元前3世纪，人们就能从《易传·系辞》中看到二进制的萌芽。

八卦与二进制的对应关系

《易经》是一部研究事物变化的著作，它通过卦爻来说明日月轮回、明晦更替，以及人生与事物变化的大法则。《易传》是一部解说和发挥《易经》的论文集。《易传·系辞》总论《易经》大义，解释了卦爻辞的意义，书中表示阴阳的符号是爻。爻是一个只有两个元素的集合，分别称为阳爻和阴爻。阳爻（一）就是中文数字一，阴爻（--）则是一个断裂的一，表示一已经不存在或者一已虚无。八卦中的每一卦都包含三爻。如果把阳爻写成阿拉伯数字1，阴爻写成0，则八卦中的坤（地）、艮（山）、坎（水）、巽（风）、震（雷）、离（火）、兑（泽）、乾（天）即可写成二进制的000、001、010、011、100、101、110、111，再经过进制转换，八卦就变成了大家熟悉的十进制数字0、1、2、3、4、5、6、7。

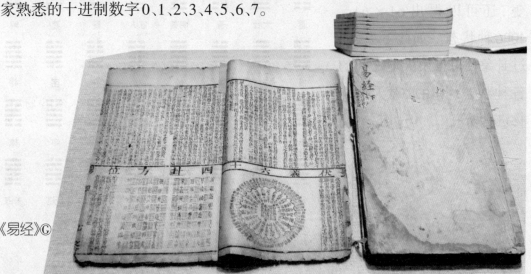

《易经》ⓒ

太极图®

《易传·系辞》上说:"易有太极,是生两仪,两仪生四象,四象生八卦,八卦定吉凶,吉凶生大业。"这里的太极是指宇宙最原始的秩序状态,两仪可理解为二进制的0与1,四象可理解为两位二进制组合的4种状态,八卦可理解为三位二进制组合的8种状态。可见,《易经》是采用类似二进制的方式来研究天地之间万物的。

对八卦进一步分析,可以发现,八卦里面暗含二进制的运算关系。如乾(111)和坤(000)、离(101)和坎(010)、艮(001)和兑(110)、震(100)和巽(011)分别形成了4组二进制的"反码"关系,即每个对应位置上的数码都不相同。在计算机系统中,数值是用"补码"来存储的。正数的补码与原码相同;负数的补码等于其绝对值的反码再加1。

由八卦中的两卦上下组合,即可形成八八六十四卦,六十四卦中的每一卦都有六爻。六十四卦如果进一步演变,还可以得出 $64 \times 64 = 4096$ 种状态。如此下去,通过卦象便可得出天地之间的各种状态,并由此对天地万物进行研究。

| 乾 | 坤 | 屯 | 蒙 | 需 | 讼 | 师 | 比 |
| 小畜 | 履 | 泰 | 否 | 同人 | 大有 | 谦 | 豫 |
| 随 | 蛊 | 临 | 观 | 噬嗑 | 贲 | 剥 | 复 |
| 无妄 | 大畜 | 颐 | 大过 | 坎 | 离 | 咸 | 恒 |
| 遁 | 大壮 | 晋 | 明夷 | 家人 | 睽 | 蹇 | 解 |
| 损 | 益 | 夬 | 姤 | 萃 | 升 | 困 | 井 |
| 革 | 鼎 | 震 | 艮 | 渐 | 归妹 | 丰 | 旅 |
| 巽 | 兑 | 涣 | 节 | 中孚 | 小过 | 既济 | 未济 |

六十四卦

# 1642年
# 帕斯卡发明机械式加法器

**人类社会进入信息时代,计算机已经走进千家万户,成为人们的好帮手。你知道计算机的老祖宗是什么样子的吗?**

人类有史以来第一台用于计算的机器是一种机械式加法器,1642年由法国数学家、物理学家帕斯卡发明。

帕斯卡Ⓦ

帕斯卡1623年出生在法国克莱蒙,三岁丧母,由父亲抚养长大。1639年,帕斯卡的父亲受命出任上诺曼底大区的税务总监。帕斯卡看着父亲每天费力地计算税率税款,想到要为父亲制作一台可以帮助计算的机器。为了这个梦想,帕斯卡日以继夜地埋头苦干,耗费了整整三年时光,先后做了三个不同的模型。终于,第三个模型在1642年获得了成功,他称这架小小的机器为"加法器"。

帕斯卡加法器是一种由一系列齿轮组成的机械装置,以发条为驱动,可以做加法和减法。它外形是一个长方盒子,里面有一排轮子,分别代表个、十、百、千、万、十万等。面板上有一列显示数字的小窗口。顺时针转动轮子可以做加法,逆时针转动轮子则可以做减法。为了解决"逢十进一"的进位问题,帕斯卡采用了一种小爪子式的棘轮装置,当某位齿轮朝9转动时,棘爪便逐渐升高;一旦齿轮转过9,转到0,棘爪就"咔嚓"一声跌落下来,推动前一位数的齿轮前进一档。

帕斯卡总共制造了50台同样的机器,其中有两台至今还保存在巴黎国立工艺博物馆里。

帕斯卡加法器Ⓞ

# 1674 年
# 莱布尼茨发明乘法器

莱布尼茨⑩

人们在生活中广泛地应用数学,一直以来都希望能从繁重的数学计算中解脱出来。帕斯卡发明了可以做加减运算的加法器后,自然有人会想到:能不能发明一种可以做乘除运算的机器呢?于是,莱布尼茨登场了。

帕斯卡去世后不久,德国数学家莱布尼茨发现了一篇由帕斯卡亲自撰写的描述"加法器"的论文,勾起了他强烈的发明欲望,决心把这种机器的功能扩展到乘除运算。

1674年,莱布尼茨在法国物理学家马略特等人的帮助下,制成了一台能进行四则运算的机械式计算器,将它呈交给巴黎科学院审查验收并当众演示。他设计的这种新型机器叫"乘法器",约1米长,由两个部分组成:第一部分是固定的,用于加减法,与帕斯卡先前设计的加法器基本一致;第二部分用于乘除法,是莱布尼茨首创的,他增添了一种名叫"步进轮"的装置,后人称之为"莱布尼茨轮"。

步进轮是一个长圆柱体,9个齿依次分布于圆柱表面;旁边另有一个小齿轮可以沿着轴向移动,以便逐次与步进轮啮合。小齿轮每转动一圈,步进轮可根据它与小齿轮啮合的齿数,分别转动1/10圈、2/10圈……直到9/10圈,这样它就能够连续重复地做加减法。在转动手柄的过程中,这种重复的加减运算就转变成为乘除运算。

莱布尼茨的乘法器除了可以做四则运算,甚至还能够进行开方运算,其运算结果的最终长度可达16位,在当时是一种非常实用的机器。乘法器中的许多装置成为后来的技术标准,例如"莱布尼茨轮"。

莱布尼茨乘法器①

# 1799 年
# 贾卡发明提花机

　　不管你信不信，最初的计算机系统竟然是受了提花机的启发进行研制的！那么，提花机是一种怎样的机械呢？

　　18世纪初，法国工匠布雄根据中国古代挑花结本的手工提花机的原理创制了纸孔提花机，用纸带凿孔控制顶针穿入，代替花本上的经线组织点。经多人改进后，能织制600针的大花纹织物。

　　1799年，法国著名织机工匠贾卡综合前人的革新成果，制成首台由踏板控制的自动提花开口机械。每一次踏下与放开踏板会产生一个提花开口，全部的织

贾卡Ⓦ

造工作只要一个人就能完成。此发明大获成功，在1801年巴黎的工业展览会上获得了铜奖。到1812年，里昂大约安装了1.8万台这样的提花机，给这座城市带来了巨大的繁荣。

　　1860年以后，提花机改用蒸汽动力代替脚踏驱动，便成为了自动提花机。自动提花机广泛传播于世界各国，后来又改用电动机驱动。为了纪念贾卡的贡献，这种提花机被称为贾卡提花机。

　　贾卡提花机的纹版类似于计算机中的存储器，而布料上的花纹则相当于输出的数据。这种机器尽管并不被认为是一台计算器，但是它的出现确实是现代计算机发展过程中重要的一步。

贾卡提花机Ⓦ

# 1822—1834 年
# 巴比奇设计差分机和分析机

在19世纪,由于数学的发展,人们需要进行规模越来越庞大而且越来越复杂的计算。当时,这种计算只能借助简单工具(如计算尺)依靠人工解决。但手工计算的结果往往有大量的错误,因此,人们急需一种高效且准确的计算工具来解决此类问题。在这种需求的刺激下,一位数学家先后设计了两台大型计算机器,使之成为现代电子计算机的前身;另一位女士则在机器并没有制造出来的情况下就为它们编写了程序。这是两台什么样的机器?那位女士又是如何完成这看似不可能完成的任务的?

巴比奇W

英国数学家、机械工程师巴比奇的父亲是银行家。父亲宽裕的资金,让他能够在初级教育阶段就接受几个学校和教师的指导。1810年10月,巴比奇进入剑桥大学三一学院,1812年,他转学至剑桥大学彼得学院,并在那里成长为优秀的数学家。

为了克服手工计算的效率低、差错多等缺点,巴比奇开始尝试用纯机械的方式设计一台计算机器。他的基本想法是利用机器将从计算到输出的过程全部自动化,全面去除人为疏失造成的计算错误、抄写错误、校对错误、印制错误等。

巴比奇从法国织机工匠贾卡发明的提花机和穿孔卡片上获得灵感,于1822年设计了第一台差分机。它能够按照设计者的指令,自动处理不同函

差分机局部①

数的计算过程,运算精度达到6位小数。差分机采用蒸汽机为动力源,驱动大量的齿轮机构运转。

巴比奇首先构思了一种齿轮式的"存储库",每一个齿轮可存储10个数,总共能够存储1000个50位数,且既能存储运算数据,又能存储运算结果。第二个主要部件是"运算室",其基本原理与帕斯卡的转动齿轮相似,从存储库取出数据进行加、减、乘、除运算,其乘法运算是以累加的方式来实现的。巴比奇还改进了进位装置,使得50位数加50位数的运算可完成于一次转动齿轮的过程之中。此外,巴比奇也构思了送入和取出数据的机构,以及在存储库和运算室之间传输数据的部件。他甚至还考虑到如何使这台机器根据运算结果的状态改变计算进程,用现代术语来说,就是处理依条件转移的动作。

1823年,英国政府资助了他的工作,期望以此获得更高精度的导航、科学和工程数据。制造这台机器要求有较高的机械工程技术,预计需要25 000个零件,机器重达4吨。因为大量精密零件制造困难,加上巴比奇不停地边制造边修改设计,从1822年到1832年的10年间,巴比奇只能拿出完成品的1/7来展示。不过,差分机运转的精密程度仍令当时的人们叹为观止,标志了人类科技的一个重大进步。巴比奇的设计非常超前,特别是利用卡片输入程序和数据的设计被后人广泛采用。

巴比奇不断延后完成期限造成预算严重超支,加上制作过程中不断修改设计,时常与工程师发生冲突等诸多原因,这台差分机一直未能完成。英国政府终于宣布停止对巴比奇的一切资助,12 000多个精密零件全报废了。

剑桥大学彼得学院①

实验性的部分分析机ⓒ

　　失去了政府的资助后,巴比奇意识到需要设计一种更加通用的机器。他继续工作,于1834年设计了一台更为复杂的机械式计算机器——分析机。这台机器的设计逻辑非常先进,可以运行包含条件语句、循环语句的程序,还有暂存器用来存储数据。由于种种原因,直到他去世的1871年,这台机器也没有被真正制造出来。不过,一个多世纪后出现的现代电子计算机的结构几乎就是巴比奇分析机的翻版,只是主要部件被换成了大规模集成电路。因此,巴比奇当之无愧地成了计算机系统设计的"开山鼻祖"。

　　就在巴比奇的研究工作陷入困境时,本故事的女主角——数学家阿达·洛芙莱斯出场了。阿达是英国诗人拜伦勋爵的女儿。在她生活的那个年代,人们并不鼓励妇女接受教育,尤其是科学方面的教育。不过,由于家庭的显赫地位,阿达有机会同各种有才华的人相互交流,包括德·摩根、巴比奇和狄更斯等。

　　当时,英国杂志《泰勒的科学论文集》请阿达将一篇描述巴比奇的机器如何运行的法文文章翻译成英文。阿达发现那篇文章只介绍了巴比奇机器背后的数

学原理，于是决定加上自己掌握的一些
知识，使文章内容更加丰富。

　　阿达对巴比奇的差分机和分析机
的设计图样做了详细研究，弄清了其中
的数学原理。在1843年发表的文章中，
阿达不仅描述了机器的机制和用途，还
解释了如何用机器来解决制作天文表、
生成随机数、计算复杂数列等问题。她
甚至编写了一个计算伯努利数的程
序。这是一项令人钦佩的工作，因为阿
达描述的是一台尚不存在的机器，而且
她的许多见解连巴比奇都承认自己从
未考虑过。

阿达·洛芙莱斯Ⓦ

　　1970年代初，美国国防部为摆脱软
件费用急剧增长的困境，提出设计研制统一的军用结构语言。1979年4月，由法
国计算机科学家伊什比亚教授领导设计的"绿色语言"最终中标。为了纪念阿达
对现代计算机与软件工程的重大影响，美国国防部将这种高级程序语言命名为
Ada，以纪念这位世界上最早的有文字记载的计算机程序员。

伦敦的科学博物馆建造的差分机◎

　　由于种种原因，可运行的差
分机并没有在巴比奇和阿达手中
诞生。然而，他们给计算机界留
下了一份极其珍贵的遗产，包括
30种不同的设计方案，近2100张
组装图和50 000张零件图，以及
那种在逆境中自强不息、为追求
理想奋不顾身的拼搏精神。1991
年，为了纪念巴比奇诞辰200周
年，英国伦敦的科学博物馆根据
巴比奇留下的图纸重新建造了一
台真正的差分机。

# 1886 年

# 霍勒瑞斯制造制表机

美国人口普查局徽标 Ⓦ

在计算机发展史上,曾记载了一批业余发明家的丰功伟绩。他们既不是数学家,也不是专门从事电器设计的工程师。美国人口普查局的统计员霍勒瑞斯就是其中的代表人物。霍勒瑞斯发明的机器叫制表机,它在美国人口调查中起了什么关键作用?大名鼎鼎的IBM公司又与制表机有什么关系?

1880年,美国举行了一次全国性人口普查,为5000余万美国人口登记造册。当时,美国经济正处于迅速发展阶段,人口流动十分频繁。再加上普查的项目繁多,统计手段落后,从当年1月开始的这次普查,花了7年半的时间才把数据处理完毕。美国的法律规定,人口普查必须在10年内完成。人们意识到,按照当时的人口增长速度,若采用原来的统计手段,下一次1890年的普查在10年内不可能完成数据统计,于是,人口普查局公开招标寻求解决办法。

霍勒瑞斯在纽约城市大学和哥伦比亚大学矿业学院学习工程学,他对数学和机械方面的问题有着浓厚的兴趣。1879年毕业后,霍勒瑞斯来到人口普查局,参加了1880年的美国人口普查工作。

人口普查需要处理大量的数据,如年龄、性别等,还要统计出每个社区有多少儿童和老人,有多少男性公民和女性公民等。霍勒瑞斯与同事们一起深入到许多家庭征集资料,他深知每个数据都来之不易。完成信息收集后,霍勒瑞斯终日埋在数据堆里,用手摇计算器进行统计,但每天摇到满头大汗也完成不了多少张表格的数据。

这些数据是否可以由机器自动进行统计呢?霍勒瑞斯想到了织机工匠贾卡

霍勒瑞斯 Ⓦ

```
CALL RCLASS(AAA,21,MNC,FX3,FX4)
```

穿孔卡片ⓦ

80多年前发明的提花机,希望能够在其基础上设计出一种制表机。贾卡提花机用穿孔纸带上的小孔来控制提花操作的步骤,霍勒瑞斯则准备用它来存储和统计数据。

霍勒瑞斯首先把穿孔纸带改造成穿孔卡片,以适应人口数据采集的需要。将人口普查的数据制成穿孔卡片没有多大的困难。每个人的调查数据有若干项。例如,"性别"栏下有"男"和"女"两个选项,"年龄"栏下有从"0岁"到"70岁以上"的一系列选项,如此等等。把所有的调查项目依次排列在穿孔卡片上,统计员可以根据调查对象的具体情况,在相应的项目位置上打出小孔或不打孔。每张卡片都代表着一位公民的个人档案。当穿孔卡片上的项目统统被如此处理之后,它就详细记录了某一次调查的结果。霍勒瑞斯在他的专利申请书里描述过这种方法:"每个人的不同统计项目,将由适当的小孔来记录,小孔分布于穿孔卡片上,由引导盘牵引控制前进。"

霍勒瑞斯最初设计的制表机,几乎就是贾卡提花机的翻版。1886年,霍勒瑞斯用机电技术取代纯机械装置,制造了第一台可以自动进行四则运算、累计存档、制作报表的制表机。

制表机ⓞ

这一系统被认为是现代计算机的雏形。

霍勒瑞斯巧妙地在机器上安装了一组盛满水银的小杯,穿好孔的卡片就放置在这些水银杯上。卡片上方有几排精心调好的探针,探针连接在电路的一端,水银杯则连接在电路的另一端。当某根探针遇到卡片上有孔的位置时,便会自动跌落下去,与水银接触,接通电路,启动计数装置前进一个刻度。由此可见,霍勒瑞斯的穿孔卡片表达的是二进制信息:有孔处接通电路计数,表示该调查项目为"有"(1);无孔处不能接通电路,表示该调查项目为"无"(0)。

霍勒瑞斯的制表机解决了人口普查局的难题。美国1890年人口普查的统计制表工作全部采用了这种制表机。凭借着穿孔卡片的数据处理方式,以及制表机极高的工作效率,结果仅用6周就得出了准确的人口统计数据,使原本需10年完成的统计工作大大地提前完成,同时为人口普查局节省了至少500万美元。这是人类历史上第一次利用计算机器进行大规模的数据处理,开启了数据处理自动化的时代。

1896年,霍勒瑞斯在他的发明基础上创办了制表机公司(TMC),并将其产品营销至世界各地。霍勒瑞斯的制表机除用于美国的人口普查外,还在奥地利、加拿大、挪威、俄国等国家的人口普查中被使用。

1911年,计算尺公司(CSC)、制表机公司与国际时间记录公司(ITR)合并,成立了计算制表记录公司(CTR)。原来霍勒瑞斯的公司所生产的制表机,产生的结果一直都要用手抄。1919年,计算制表记录公司的列表机制造成功,省去了手抄的工作。

为了更准确地反映其业务范围,计算制表记录公司于1924年改名为国际商用机器公司(International Business Machines Corporation),即举世闻名的IBM公司。

IBM公司商标演变ⓦ

# 1935 年
# IBM 公司推出穿孔卡片计算器

计算机已经走入普通家庭,大家都认为用计算机可以做很多事情。不过,早期的计算机器性能较为单一,只能在特定的领域内发挥作用。在 IBM 公司成长为电子计算机行业的"蓝色巨人"的过程中,就有这样一款计算机器不得不提。它虽然较为原始,但却被广泛使用,大大减轻了人工计算的工作负担。

当煤气公司或电力公司要向用户发出收费账单时,必须将煤气表或电表的读数乘以每立方米煤气或每千瓦时电的单价,得出收费的金额。1935 年,IBM 公司开始生产穿孔卡片计算器,主要就是为了满足这种制表的需要。

IBM 公司推出的穿孔卡片计算器的第一个产品叫 IBM 601。它可以从一张卡片上读入两个八位长的十进制数,然后在 1 秒钟内计算出结果,并将它输出到同一张卡片上。这种计算速度在当时是惊人的、不可想象的,并且整个计算过程是自动的,不需要人为干预,这满足了上述制表的需要。

IBM 601 一经推出,便深受用户欢迎,总共售出了 1500 多台。无论在自然科学还是在商业应用上,IBM 601 都具有重要意义,为以后电子计算机的发展奠定了理论基础。IBM 公司也因穿孔卡片计算器的大量销售而积累了雄厚的财力,形成了强大的销售服务能力,逐渐成为计算机行业的"蓝色巨人"。

IBM 601 穿孔卡片计算器①

# 1936 年

# 图灵机设想提出

在计算机界，图灵是个如雷贯耳的名字，以他的姓氏命名的就有"图灵奖"、"图灵测试"、"图灵机"等。在图灵生活的时代，性能强大的计算机还未被制造出来，但他极富远见地提出了可计算理论，为后来计算机的发展竖立起了航标。因此，他的名字被后人永远铭记。图灵所构想的"图灵机"是怎样的一种机器？它与现代计算机又有怎样的关系？

图灵W

图灵，英国数学家、逻辑学家。他1912年6月23日出生于伦敦近郊的帕丁顿镇。图灵的父亲是英国派驻殖民地印度的行政机构官员，所以图灵很少见到父母，他是由父母的好友沃德夫妇带大的。中学毕业后，图灵进入剑桥大学国王学院攻读数学。

1935年，图灵从数学课上得知了希尔伯特的可判定性问题。该问题可以简单描述为：是否存在一个能逐步解决所有数学问题的一般机械步骤？这里的"机械步骤"实际上就是现代"算法"的直观概念。1936年，图灵向权威杂志《伦敦数学会公报》投了一篇论文，题为《论可计算数及其在判定问题中的应用》。1937年，该论文正式发表。这篇论文被誉为现代计算机原理的开山之作。在这篇论文中，图灵给"可计算性"下了一个严格的数学定义，并提出了著名的"图灵机"设想。

图灵的基本思想是用

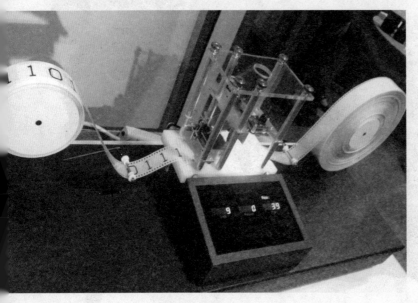

图灵机模型①

机器来模拟人用纸笔进行数学运算的过程,他把这样的过程看作下列两种简单的动作:在纸上写上或擦除某个符号,把注意力从纸的一个位置移动到另一个位置。在每个阶段,下一步的动作都依赖于此人当前所关注的某个位置的符号,以及此人当前思维的状态。

为了模拟人的这种运算过程,图灵构造了一台假想的机器——"图灵机"。图灵机由一个带读写头的有限状态控制器和一条两端都可以无限延长的工作带组成。工作带被划分成一个个大小相同的方格,方格内记载着一系列符号。由于在计算机中一般采用二进制,这些符号由0和1两个数字构成。机器根据当前状态和读写头在工作带上读到的字符,来决定写入的字符、移动方向和下一个状态。只要有足够的时间(足够多的步数)和足够的空间(足够长的工作带),图灵机能够表示任何算法。

图灵机是最早给出的通用计算机的模型,它实际上是一种十分抽象的计算机结构,并不涉及这种机器如何实现与制造。图灵还从理论上证明了这种假想机的可能性。现代电子计算机其实就是一种通用图灵机的模拟,它能接受一段描述其他图灵机的程序,并运行程序以实现其所描述的算法。

图灵机虽然不是一台真正的机器,但它奠定了现代计算机的理论基础,指出了计算机的发展方向。图灵提出的计算机可以有智能的思想,又使他成为人工智能的奠基人。因此,图灵是举世公认的"计算机科学之父"和"人工智能之父"。

在图灵89岁诞辰那天,一尊真人大小的图灵青铜坐像在英国曼彻斯特的萨克维尔公园揭幕。手拿一个苹果的图灵安详地坐在一条长靠背椅上,似乎仍在思索着什么……

图灵青铜坐像◎

# 1938—1945 年
# 楚泽制造电磁式计算机样机

1945年,盟军在阿尔卑斯山区偏僻小镇欣特斯泰因的一个地窖里发现了一台计算机。很久以后,计算机界证实:这台貌不惊人的机器是当时最先进的计算机,而且是最先采用程序控制的数字计算机。那么,这台机器是谁发明的?为什么它会被扔在一个乡村农舍的地窖里,无人问津呢?

楚泽,德国工程师。他1910年出生在柏林。1927年,他考进柏林工业大学,学习土木工程建筑。桥梁、材料的强度设计等都需要他自己动手根据公式算出结果,大量力学计算的功课使他经常疲惫不堪。一天,楚泽突然发现:教科书里的力学公式是固定不变的,要做的只是向这些公式中填充数据。这种单调的工作可以交给机器来完成!这一发现和"偷懒"的需求使楚泽萌生了设计制造计算机的想法。

楚泽◎

1935年,楚泽获得土木工程学士学位,到柏林一家飞机制造厂工作,负责飞机强度分析。繁琐的计算成了他的主要任务,而辅助工具只有计算尺,制造一台计算机的愿望愈加强烈起来。几个月后,楚泽辞职回家,开始了他的研制生涯。

1938年,楚泽受莱布尼茨著作的启发,制造了一台机械式计算机Z1。他设计了一种可以存储64位二进制数的机械装置,将数千片薄钢板用螺栓拧在一起,体积约1立方米,然后与机械运算机构连接起来。Z1计算机采用了二进制数,在薄钢板组装的存储器中,用一根在细孔中移动

Z1计算机◎

的针指明数字0或1。这台机器采用了穿孔纸带式的输入方式,不过它用的不是纸带,而是35毫米电影胶片。其数据由一个数字键盘敲入,计算结果用小灯泡显示。由于纯机械式的Z1计算机性能不够理想,1939年,楚泽对Z1进行了改进,用电话公司废弃的继电器组装了一台电磁式计算机Z2。

Z3计算机①

1941年,电磁式计算机Z3完成。它使用了2600个继电器,用穿孔纸带输入,实现了二进制数的程序控制,是世界上第一台能编程的计算机。Z3是一台基于二进制浮点数和交换系统的计算机,能够每秒完成3—4次加法运算、3—5秒完成一次乘法运算。Z3在第二次世界大战中曾大显身手,成功完成了飞机双翼抖动的稳定性问题中的大量复杂计算。1944年,美国空军对柏林实施空袭,楚泽的住宅被炸,里面的Z3计算机被炸得支离破碎。

1945年,楚泽又建造了一台比Z3更先进的电磁式计算机Z4,其存储器单元从64位扩展到1024位,继电器几乎占满了一个房间。因害怕再次被炸,楚泽带着Z4四处转移,最后把它搬到了阿尔卑斯山区欣特斯泰因小镇,于是才有了开头的那一幕。

1949年,楚泽把他的Z4计算机安装在瑞士苏黎世技术学院,并且一直稳定运行到了1958年。由于生活在法西斯统治下的德国,楚泽的贡献在很长一段时间内得不到承认,直到1962年,他才被确认为计算机发明人之一,并被称为"数字计算机之父"。

Z4计算机①

# 1938—1949年
# 斯蒂比兹研制电磁式计算机

1940年9月，美国数学会在达特茅斯学院召开学术会议。包括冯·诺伊曼等大师在内的与会者惊奇地看到，贝尔实验室的研究人员在达特茅斯学院所在地汉诺威市潇洒自如地操作远在纽约市的一台计算机做复数运算，而运算结果即刻通过电话线传回，并由会场里的一台打字机输出。这台计算机为何如此神奇？这次成功的演示在计算机发展史上有着什么样的意义？

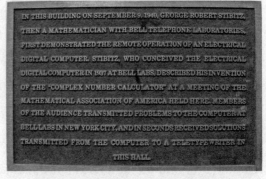

第一次计算机远程通信纪念牌匾Ⓦ

1937年，美国数学家斯蒂比兹设计制造了电磁式数字计算机原型Model-K，但这件"小发明"并没有引起人们多大的关注。有一天，贝尔实验室数学研究室主任向他询问："你的K型计算机能不能帮我们解决复数计算的难题？"复数计算对斯蒂比兹这位数学博士来说当然是小菜一碟，但贝尔实验室面对的问题，却是交流电路实验中需要给出答案的大量复数计算。实验室雇用了满屋子的女计算员，用手摇计算器从早算到晚，但仍然跟不上实验进度。面对询问，斯蒂比兹肯定地点点头，数字计算机的研制因此获得了新的转机。

贝尔实验室为斯蒂比兹配备了助手，包括美国电气设计师威廉姆斯。1938年9月，命名为M-1的电磁式数字计算机研制工程正式启动。1939年9月，斯蒂比兹交出了满意的机器。1940年1月8日，M-1开始运行，这标志着美国第一台数字计算机诞生了。

M-1电磁式数字计算机只使用了440个继电器和10个闸刀开关，就完全解决了复数的加、减、乘、除运算，完成一次复数

M-1计算机Ⓢ

第一次计算机远程通信地点Ⓦ

M–1计算机连接电传打字机Ⓢ

乘法约需 30—45 秒。同样的计算，人工手摇计算器则需要 15 分钟时间。

斯蒂比兹在攻读博士学位前，曾在一家电气公司打工，任务是到郊区农场进行无线电测试。每天早晨上班，农场木屋里都奇冷无比。斯蒂比兹和同事们制作了一台小型遥控器，能自动控制壁炉风门的开关。这样一来，他们在上班前就能在路上遥控壁炉给屋内加温了。壁炉能够遥控，那么M–1计算机能不能遥控呢？斯蒂比兹首先在曼哈顿办公室的三个不同房间各安装了一台电传打字机，用电话线与M–1相连，进行遥控试验，结果很成功。9个月后，电话线已经可以连上远在新罕布什尔州的第四台电传打字机，距离达到250英里（约400千米）。

然后就有了1940年9月达特茅斯学院麦克纳特大厅的那次演示，它在计算机发展史上具有特别重要的意义，标志着人类社会实现了计算机的远程通信与控制。

从1940年起，斯蒂比兹接着主持了M–2、M–3、M–4、M–5型电磁式计算机的研制，以满足美国政府在第二次世界大战及战后恢复建设时期对计算机的需求。1949年，贝尔实验室最后一台M型计算机M–6投入使用。随着真空电子管开始成为计算机元件，用继电器来组装计算机从此成为了历史。

为了表彰斯蒂比兹的功绩，1997年，美国计算机博物馆以他的名字设立了一个奖项——"斯蒂比兹计算机先驱奖"，颁发给那些仍活在世上的计算机时代的先驱。

# 1939 年
# 阿塔纳索夫与贝利开发出真空电子管计算机

计算机的发明可以说是20世纪最重大的科技贡献。如今,电子计算机已经进入了社会生活的方方面面,成为信息时代人们工作、生活不可缺少的工具。那么,第一台电子计算机是谁发明的呢?围绕着这个问题,计算机界争论了许多年,甚至为此对簿公堂。

1973年以前,人们普遍认为ENIAC(电子数字积分器和计算机)是世界上第一台电子计算机,它是由莫奇利和他的研究生埃克特发明的,1946年诞生于美国宾夕法尼亚大学。ENIAC制造完成后,莫奇利和埃克特立刻申请并获得了美国专利。就是这个专利,导致了"世界上第一台电子计算机"之争。

与ENIAC争夺"世界上第一台电子计算机"称号的是1939年由美国物理学教授阿塔纳索夫和他的研究生克利福德·贝利研制成功的ABC计算机。

1935年,阿塔纳索夫在艾奥瓦州立大学物理系为学生讲授"数学物理方法"课程,经常需要求解线性偏微分方程组。他的学生时常抱怨作业中那些计算题目繁琐复杂,消耗了大量的时间。阿塔纳索夫开始思考借助计算工具,把学生们从繁杂的计算中解放出来。那个年代,美国大学里也使用计算器,但都是手摇机械式的,速度太慢,又不够精确,难以承担复杂的计算任务。阿塔纳索夫意识到,

ENIAC计算机①                         阿塔纳索夫①

他必须开拓新的思路,设计出新的计算机器才行。阿塔纳索夫的目标是制造一台可以求解含有29个变量的线性方程组的机器。他冥思苦想,反复试验,然而工作进展并不顺利。

一天,IBM公司的推销员给学校送来一台有简单计算功能的小型制表机,请教授们试用。阿塔纳索夫想要知道它的工作原理,就把机器拆开研究。他立即收到推销员的一封措辞严厉的抗议信,指责他不应随意拆卸机器,并要求他立即把机器恢复原状。阿塔纳索夫窝了一肚子的火,开车去伊利诺伊州一个路边小酒馆喝酒。借酒浇愁之际,灵感翩然而至。阿塔纳索夫想到可以利用二进制数取代传统的十进制数,进而发展出一套计算机设备。他把脑子里涌现出来的那些想法画在随手抓到的餐巾纸上,勾画出计算机的轮廓。这是划时代的一刻,电子计算机的基本原理和结构,清晰地呈现在这位计算机先驱的笔下。

阿塔纳索夫偏重于理论设计,他需要一位能力极强的工程师,将他的天才设计变成现实。幸运的是,他在自己的研究生里发现了贝利。贝利善于巧妙构思,能用简单的设备和元件制造出所需要的零部件,并设计出计算机里的电子电路和逻辑结构。两人在艾奥瓦州立大学的物理楼地下室里辛苦工作,在1939年10

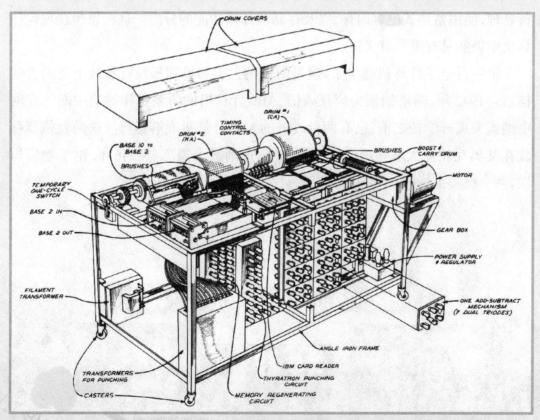

ABC计算机图纸⑩

贝利⑤

月研制出了一台有11个管件的小型原型机。

这是有史以来第一台以真空电子管为元件的有再生记忆功能的数字计算机,被命名为ABC,其中A、B分别取自两人姓氏的首字母,C即Computer(计算机)的首字母。ABC计算机装有300个电子真空管来执行数字计算与逻辑运算,使用电容器来进行数值存储,数据输入采用打孔读卡方法,还采用了二进制。它是一台真正意义上的电子计算机,从此,人类的计算由模拟向数字挺进。

ABC计算机是为求解线性方程组而设计的。它能够利用两个具有29个变量和一个常数项的方程,来消掉其中一个变量;然后再次重复这个过程,消掉另一个变量;依次进行下去,最终得到方程组的解。不过,这台机器还只是个样机,并没有完全实现阿塔纳索夫的构想。

ABC计算机的创新包括:使用电子器件进行计算,用二进制数表示数据,并行处理,使用蓄热式电容内存,以及存储和计算功能的分离。这些思想在现代计算机中仍然具有重要意义。

第一台电子计算机诞生了,但是阿塔纳索夫和贝利却没有被戴上发明者的桂冠。1942年,阿塔纳索夫应征入伍,ABC计算机的研制工作被迫中断。在阿塔纳索夫离开学校之前,已有两台改进的ABC计算机能够运行。这两台机器存放在艾奥瓦州立大学物理楼的储藏室里,逐渐被人遗忘。1946年,由于物资短缺,两台机器被拆散,零件移作它用,只留下了一个存储器部件。

艾奥瓦州立大学①

ABC计算机复制品◎

1997年，艾奥瓦州立大学埃姆斯实验室的一个研究团队花费35万美元，建造了一台ABC计算机复制品。现在，这台ABC计算机存放于艾奥瓦州立大学达勒姆计算和通信中心的一楼大厅。

艾奥瓦州立大学没有为ABC计算机申请过专利，这就给电子计算机的发明权带来了旷日持久的法律纠纷。1941年夏天，阿塔纳索夫曾经给了来访的莫奇利许多宝贵的启示，并给他看了地下室里的那台样机。阿塔纳索夫的设计思想在莫奇利的ENIAC中实现了，但莫奇利的ENIAC计划中只字未提阿塔纳索夫的名字。

阿塔纳索夫和贝利的工作直到1960年才被发现，他们随后陷入了争夺"世界上第一台电子计算机"称号的纠纷中。明尼苏达州的一家地方法院为此进行了135次开庭审理。在庭审中，阿塔纳索夫精确地解释了ABC计算机的制造过程，让法官信服。1973年10月19日，法官当众宣判："莫奇利和埃克特没有发明第一台计算机，而是利用了阿塔纳索夫发明中的构思。"法院注销了ENIAC的专利，ABC计算机被认定为世界上第一台电子计算机。美国新闻媒体为此惊呼：阿塔纳索夫是"被遗忘了的电子计算机之父"。

1973年10月19日恰好是水门事件曝光的前一天。第二天，铺天盖地的丑闻报道把这个判决结果湮没了。阿塔纳索夫没能因此名声大振，他的处境依然如故。直到1990年，美国总统乔治·赫伯特·布什在白宫授予阿塔纳索夫国家自然科学奖，才给了他迟到的荣誉。

阿塔纳索夫纪念碑◎

# *1943—1958* 年
# 研制第一代电子计算机

当今时代科技发达,台式计算机、笔记本电脑、iPad 等已走进千家万户,给我们的生活、学习和工作带来了极大的便利。这些产品的共同特点是体积小、重量轻、耗电量少、运行速度快、功能齐全……与它们相比,第一代的电子计算机简直就是庞然大物。第一代电子计算机是什么样子的? 它们有哪些共同特征?

真空电子管⑦

世界上第一台电子计算机是阿塔纳索夫和贝利发明的 ABC 计算机,而第一台获得广泛应用的电子计算机则是开始研制于 1943 年、完成于 1946 年的莫奇利和埃克特发明的 ENIAC 计算机。1943—1958 年期间设计的计算机通常被称为第一代电子计算机。它们的共同特征是使用真空电子管,所有的程序都是用机器编写的,且都使用穿孔卡片。

第二次世界大战期间,敌对双方都使用飞机和火炮猛烈轰炸对方的军事目标。要想打得准,必须精确计算并绘制出射击图表。但是,每一个数据都要做几千次的运算才能得出来,十几个人用手摇机械计算器算几个月,才能完成一份图表。针对这种情况,人们开始尝试将电子管作为电子开关,来提高计算机器的运算速度。

美国物理学家莫奇利教授是 ENIAC 计算机的总设计师,他的研究生埃克特是总工程师。莫奇利从阿塔纳索夫处了解了 ABC 计算机的成果与想法,将其应用于 ENIAC 的研制中。ENIAC 全长 30.48 米,占地面积约 63 平方米,有 30 个操作台,重达 30 吨,每小时耗电 150 千瓦。它包含了 17 468 个真空电子管、70 000 个电阻器、10 000 个电容器、1500 个继电器、6000 多个开关,每秒可执行 5000 次加法或 400 次乘法运算,主要用于计算弹道和研制氢弹。

1950 年代是计算机研制的第一个高潮时期,最典型的机器就是通用自动计算机 UNIVAC,研制人也是莫奇利和埃克特。第一台 UNIVAC 计算机被美国政府用于人口普查,这标志着计算机进入了商业应用时代。

ENIAC计算机Ⓦ

UNIVAC计算机Ⓦ

IBM 701Ⓘ

IBM 650Ⓘ

1952年,诞生了第一台能存储由一系列指令编制成的程序的计算机,出现了第一台能把符号语言翻译成机器指令的计算机,建造完成了第一台大型计算机系统IBM 701。1954年,诞生了第一台用于数据处理的通用计算机IBM 650。1955年,第一台利用磁芯作为存储器的大型计算机IBM 705建造完成。1956年,诞生了用于科学计算的计算机IBM 704。1959年,第一台小型计算机IBM 1620研制成功。

1952年起,中国科学院数学研究所开始计算机的研制工作。1956年,中国科学院计算技术研究所建立。1958年,计算技术研究所研制成功中国第一台"八一型"通用电子管计算机(又称103机),每秒运算30次,改进后提高到1500次。这标志着中国第一台电子计算机的诞生。

103机Ⓢ

# *1944* 年
# 艾肯研制成大型通用电磁式计算机

计算机先驱巴比奇设计的分析机没有得到政府或企业的资助,虽然先进却始终没被真正制造出来。以后的几十年间,不断有人受到巴比奇的启发,尝试研制计算机。大型计算机需要庞大的资金投入,这种"烧钱"的玩意儿不是一般人玩得起的。不过,对财大气粗的IBM公司来说,钱不是问题,重要的是有好的设想。一个年轻的美国博士生就抓住了机会,他得到的研究经费是100万美元。

艾肯Ⓦ

艾肯,美国数学家。他在哈佛大学攻读博士学位时,忙于研究空间电荷的传导理论,经常遇到大量冗长乏味的计算,于是产生了研制自动计算机的想法,用于解那些比较复杂的代数方程。艾肯阅读了巴比奇等计算机先驱的笔记,受到很大的启发。1937年,艾肯提出一份题为《自动计算机的设想》的备忘录,提出把各单元记录机器连接在一起,并利用穿孔卡片进行控制的构想。他还提出要采用机电方法而不是纯机械的方法来实现巴比奇分析机的想法。艾肯设计的计算机有四个主要特征:

1. 既能处理正数,也能处理负数。

2. 能处理各类超越函数,如三角函数、对数函数、贝塞尔函数、概率函数等。

3. 全自动,即处理过程一旦开始,运算就完全自动进行,无需人的参与。

4. 在计算过程中,后续的计算取决于前一步计算所得的结果。

沃森Ⓦ

IBM公司总经理沃森得知了艾肯的想法,决定提供100万美元的经费,资助艾肯的研究,并由IBM公司来制造艾肯设计的自动顺序控制计算机。1939年,艾肯得到了IBM公司

Mark I①

的资助,哈佛大学也趁机成立了计算机研究所。

1944年5月,一台崭新的计算机终于完工。IBM公司起先把它命名为ASCC,后来改名为 Mark I。Mark I 是有史以来最大的一台电动计算机。它长15.5米,高2.4米,重达5吨,使用了3000多个电机驱动的继电器来控制机器的运转。其核心是71个循环寄存器,这是一种在运算中暂时保存操作数的设备,每个可存放一个正或负的23位数。数据和指令通过穿孔卡片机输入,输出则由电传打字机实现。

Mark I 的加法运算速度是300毫秒,乘法运算速度是6秒,除法运算速度是11.4秒。它是世界上第一台实现顺序控制的自动数字计算机,是计算技术历史上的一个重大突破。而且它非常可靠,可以每周工作7天,每天工作24小时,这是其他电磁式计算机无法比拟的。

1944年8月,IBM公司将 Mark I 赠送给哈佛大学,它在那里服务了15年。Mark I 起初用于物理学和天文学问题的计算,后来主要供美国海军计算弹道和编制射击表,也曾在曼哈顿计划中计算有关原子弹爆炸方程式的问题。1944年10月14日,《美国周刊》在报道 Mark I 时,把它称做"超级大脑",说它能解物理、数学、原子结构等方面的各种问题,并且夸张地说,也许它还能解决人类起源这一难题。

Mark I的输入/输出控制装置①

# 1945 年

# 冯·诺伊曼提出存储程序通用电子计算机方案

冯·诺伊曼ⓌⓌ

当你使用计算机时，只需用鼠标点击图标，存储在计算机中的程序或数据就会被打开，十分方便。但就是这样简单的操作，其包含的思想在计算机发展史上却具有里程碑式的意义。1945 年，冯·诺伊曼提出了将程序存储起来的设想以加快计算机的操作。有了存储程序的构想，才有了现代计算机的雏形。

1903 年 12 月 28 日，诺伊曼·亚诺什出生于匈牙利首都布达佩斯。在匈牙利语中，姓名是姓在前、名在后，所以诺伊曼是这个孩子的姓。诺伊曼的父亲是一个银行家，1913 年被授予贵族头衔，此后他们的姓就变成了冯·诺伊曼。

冯·诺伊曼 17 岁时就发表了他的第一篇数学论文。当他结束学生时代时，他已经漫步在数学、物理、化学三个领域的某些前沿了。

1927 至 1929 年，冯·诺伊曼相继在德国柏林大学和汉堡大学担任讲师。1930 年，冯·诺伊曼接受了美国普林斯顿大学客座教授的职位。1933 年，他与爱因斯坦等人一起成为普林斯顿高等研究院第一批教授，在那里从事算子理论、集

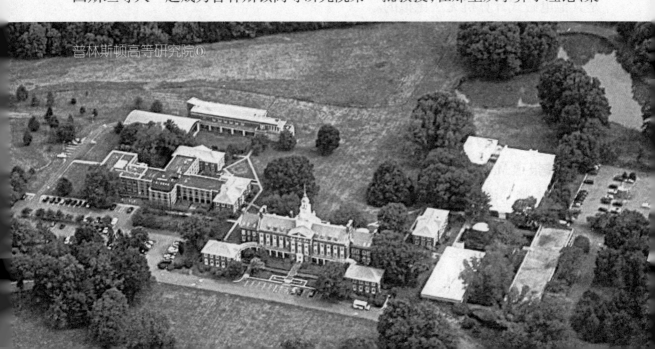

普林斯顿高等研究院Ⓞ

合论等方面的研究。

第二次世界大战爆发后,冯·诺伊曼同时在海军军械局、陆军军械局和洛斯阿拉莫斯参与了和战争有关的多项科研计划。他在两个军械局的工作主要是计算弹道和各种爆炸装置,空闲时会去普林斯顿待上两天。洛斯阿拉莫斯是执行研制原子弹任务的"曼哈顿计划"的秘密地点,那里的大部分计算任务是在台式计算机器上完成的。实验室为此聘用了100多名女计算员从早到晚进行计算,但还是远远不能满足需要。

曼哈顿计划徽章ⓦ

冯·诺伊曼在洛斯阿拉莫斯的证件照ⓦ

1944年,冯·诺伊曼偶然得知ENIAC计算机的研制计划,这台计算机比他们正在使用的机器快1000倍。冯·诺伊曼立即意识到这项工作的深远意义,并迅速了解了ENIAC的设计思想。

1945年,冯·诺伊曼与ENIAC研制组成员戈德斯坦共同提出了一个全新的"存储程序通用电子计算机方案"。在这个过程中,冯·诺伊曼显示出他深厚的数学理论基础,充分发挥了他的顾问作用及探索问题和综合分析的能力。冯·诺伊曼以《关于EDVAC的报告草案》为题,起草了一份长达101页的总结报告,提出建造电子离散变量自动计算机(EDVAC)的设想。这份报告就是著名的"101页报告",是计算机发展史上划时代的里程碑。它向世界宣告,电子计算机的时代开始了。

EDVAC的设计采用了二进制而不是人们熟悉的十进制,这是根据电子元件在"开"、"关"两种状态下工作的特点,以及二进制能够大大简化机器线路、降低制造难度的优点而提出的。报告具体地介绍了制造电子计算机和程序设计的新思想,确定了新机器由五个部分组成,包括运算器、控制器、存储器、输入设备和输出设备,并描述了这五个部分的职

101页报告封面ⓦ

能和相互关系。

运算器又称为算术逻辑单元，它是计算机对数据进行加工处理的部件，包括算术运算（加、减、乘、除等）和逻辑运算（与、或、非、异或、比较等）。控制器负责从存储器中取出指令，并根据指令的要求，按时间

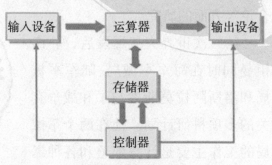

计算机组成结构⑤

的先后顺序，向其他各部件发出控制信号，保证各部件协调一致地工作，一步一步完成各种操作。存储器是计算机记忆或暂存数据的部件，计算机中的全部信息，包括原始的输入数据、经过初步加工的中间数据及最后处理完成得到的结果都存放在存储器中。输入设备包括鼠标、键盘等，是给计算机输入信息的设备，负责将输入的信息（包括数据和指令）转换成计算机能识别的二进制代码，送入存储器保存。输出设备包括显示器、打印机等，是输出计算机处理结果的设备，将计算的结果转换成便于人们识别的形式。人们通过输入和输出设备与计算机进行交互。

安装在弹道研究实验室的EDVAC⑩

宾夕法尼亚州的斯沃斯莫尔学院于1945年开始研制EDVAC，它的主要建造者依然是莫奇利和埃克特。EDVAC于1949年8月交付给弹道研究实验室。1951年，在发现和解决许多问题之后，EDVAC开始运行。它不仅可应用于科学计算，而且可用于信息检索等领域。EDVAC只用了3563个电子管和1万个晶体二极管，消耗电力和占地面积只有ENIAC的1/3。此后，EDVAC的硬件不断升级，1953年添加穿孔卡片输入输出，1954年添加额外的磁鼓内存，1958年添加浮点运算单元。直到1961年，它才被更加先进的计算机所取代。

存储程序是冯·诺伊曼的另一杰作。通过对ENIAC的考察，冯·诺伊曼敏锐地抓住了它的

冯·诺伊曼（右一）在普林斯顿高等研究院①

最大弱点——没有真正的存储器。ENIAC只有20个暂存器，不能存储程序，指令则存储在计算机的其他电路中。所以解题之前，必须先写好所需的全部指令，通过手工方式把相应的电路联通。这种准备工作要花几小时甚至几天时间，而计算本身只需几分钟，计算的高速与程序的手工操作存在很大的矛盾。针对这个问题，冯·诺伊曼提出了存储程序的思想：把运算程序存在机器的存储器中，程序设计员只需要在存储器中寻找运算指令，机器就会自行计算，这样就不必为每个问题都重新编程，从而大大加快了运算进程。这一思想标志着自动运算的实现，标志着电子计算机的成熟。此后，存储程序式计算机被称为"冯·诺伊曼结构"，成为电子计算机设计的基本原则。

冯·诺伊曼是20世纪最伟大的全才之一，在多个领域进行了开创性工作。他因在电子计算机的发明中起了关键性的作用，被誉为"电子计算机之父"。

1955年夏天，冯·诺伊曼被检查出患有癌症，后来他不得不坐在轮椅上继续思考、演说及参加会议。1957年2月8日，冯·诺伊曼在里德陆军医院病逝，享年53岁。此前，艾森豪威尔总统亲自给坐在轮椅上的他颁发了一枚特别自由勋章。在他弥留之际，美国国防部正副部长、陆海空三军司令及其他军政要员齐聚病榻前，聆听他最后的建议和非凡的洞见。这是对这位伟大智者的最高致敬。

冯·诺伊曼纪念邮票⑩

# 1946 年
# 威尔克斯建造存储程序式电子计算机

冯·诺伊曼提出存储程序式电子计算机理论后，人们很快发现了其优越性，并开始着手建造这样的计算机。今天我们使用的计算机采用的依然是冯·诺伊曼结构。然而，第一台建成的存储程序式电子计算机却不是冯·诺伊曼设计的 EDVAC。这是一台什么样的计算机？它是如何制造出来的？

威尔克斯①

后来成为英国皇家科学院院士的威尔克斯 1931 年考入剑桥大学圣约翰学院，之后进入卡文迪许实验室。当他 1938 年取得剑桥大学博士学位的时候，欧洲上空已布满了战争的阴云。随后，威尔克斯服兵役，参与了 10 厘米雷达等项目的研制。第二次世界大战后，威尔克斯回到剑桥大学，担任数学实验室（后改为计算机实验室）主任。

1946 年 5 月，威尔克斯获得了冯·诺伊曼起草的 EDVAC 计算机设计方案的一份复印件。EDVAC 是按存储程序思想设计的第一台使用磁带的计算机，能对指令进行运算和修改，因而可自动修改其自身的程序，这是一个重大突破。

威尔克斯仔细研究了 EDVAC 的设计方案，1946 年 8 月又亲赴美国参加了宾夕法尼亚州斯沃斯莫尔学院举办的计算机培训班，与 EDVAC 的设计研制人员进

EDSAC①

行了广泛的接触、讨论,进一步弄清了它的设计思想与技术细节。回英国以后,威尔克斯立即以EDVAC为蓝本设计自己的计算机EDSAC,并组织建造。

EDSAC使用了约3000个真空管,排在12个柜架上,占地5米×4米,每小时耗电12千瓦。它可存储512个34位字长的数字,加法时间1.5毫秒,乘法时间4毫秒。EDSAC的输入为5路穿孔纸带,输出使用电传打字机,还可以外接阴极射线管观察寄存器的值。EDSAC的操作系统使用了31条指令,存放在机械结构的只读存储器中。威尔克斯还首次成功地为EDSAC设计了一个程序库,涵盖浮点运算、复数运算、检测、除法、幂、微分方程、特殊函数、幂级数、对数、正交、输入输出、$n$次方根、三角函数、向量和矩阵、循环等功能。这些程序保存在纸带上,需要时送入计算机。

1949年5月6日,EDSAC首次试运行成功,它从纸带上读入一个生成平方表的程序并执行,正确地打印出结果。而美国的EDVAC由于遇到工程上的困难,迟至1952年才完成,这让EDSAC成为了第一台存储程序式电子计算机。

在设计与建造EDSAC的过程中,威尔克斯决不是简单地模仿和照搬ED-VAC的设计,而是创造和发明了许多新的技术和概念,如"变址"(当时称为"浮动地址")、"宏指令"(当时称为"综合指令")等。

EDSAC的存储器材料是水银延迟线,这是ENIAC的总设计师莫奇利首先采用的。真空电子管材料没有记忆功能,为了寻找更好的存储器,人们探索了电、光、声、磁等几乎所有能利用的物理现象。莫奇利想到了第二次世界大战期间为军用雷达开发的水银延迟线存储装置,并成功地将其改造成为计算机内存。在半导体随机存储器(RAM)和磁芯存储器发明之前,水银延迟线存储器一直作为最早的计算机内存被使用。

EDSAC的早期应用集中于解决气象学、遗传学和X射线结晶学等方面的问题。

威尔克斯由于设计与制造出世界上第一台存储程序式电子计算机EDSAC,以及其他许多方面的杰出贡献,获得1967年度图灵奖。

EDSAC背后的布线Ⓦ

水银延迟线存储器Ⓞ

# *1947* 年
# 肖克利等发明晶体管

真空电子管是最初的电子增幅器，它加快了无线电、电话、电视机等电子设备的发展。但是真空电子管体积大、耗能多，如一台电子管收音机普遍要使用五六个电子管，输出功率只有1瓦左右，而耗电却要四五十瓦。要想研制出更复杂的电子设备，必须发明一种可靠、小型而又便宜的替代产品。1947年圣诞节前夕，符合要求的产品终于诞生了。这个新产品对人们的生活产生了巨大的影响，被称为"献给世界的圣诞节礼物"。

肖克利（中）、巴丁（左）和布喇顿（右）Ⓦ

贝尔实验室是世界上实力最雄厚、设备最先进的研究所之一，一大批有才能的科学家在这里从事研究工作。1940年代初，贝尔实验室副主任凯利敏锐地发现电子管有许多难以克服的缺陷，他深信人们会找到一种更好的放大元件。当时，半导体二极管已经问世，他觉得代替电子管的很可能就是半导体。

1945年初夏，凯利约见了美国固体物理学家肖克利博士，同他讨论了这个问题。肖克利认为，半导体物理是应该重点探索的领域，很有可能在这方面出现大的突破，不过想要真正驾驭它，首先应该加强对半导体基础的研究。不久，以肖克利、巴丁、布喇顿为核心的固体物理学研究小组成立了。布喇顿先后取得过理学硕士和哲学博士学位，从1929年起就加盟贝尔实验室。巴丁是普林斯顿大学的数学物理博士，擅长固体物理学，恰好弥补了肖克利和布喇顿知识结构的不足。

研究小组的目标是半导体放大器，他们先从半导体的导电机制着手。半导体二极

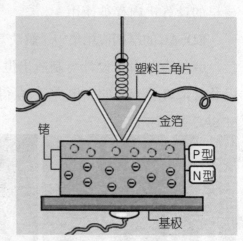

第一个晶体管的结构Ⓢ

（图中标注：塑料三角片、金箔、锗、P型、N型、基极）

第一个晶体管©

管非常小，又是"实心家伙"，要达到放大的目的，第三极看来是非加不可的，问题在于加在什么地方。1947年12月23日，当他们把作为第三极的探针用在半导体二极管上，移动到距两极中的某一极不到0.05毫米时，流过探针电流的微小变化就引起半导体电流很大的变化。这不正是大家朝思暮想、日夜苦求的电流放大作用吗？世界上第一个半导体放大器件——晶体三极管就这样诞生了。

贝尔实验室为这项重大发明的名称发起了一场投票。1948年5月，研究员皮尔斯将transfer（转移）和resistor（电阻）两个单词拼合而成的transistor赢得了多数投票，中文译名为"晶体管"。

晶体管很可能是20世纪最重要的发明。晶体管诞生后，首先在电话设备和助听器中被使用，很快地，它在任何有插座或电池的东西中都能发挥作用了。晶体管的应用迅速推广，在许多领域逐渐取代了电子管，引发了电子技术领域的一次革命，为后来集成电路的诞生和第二代电子计算机的出现奠定了基础。晶体管的首次使用是在音频信号的放大中，但从长远来看，它最重要的应用是作为集成电路中的开关。正是其微型开关的角色，使得集成电路芯片中可以放置数亿个晶体管，而芯片也逐渐成为人们日常使用的电子设备的心脏。

因为晶体管这项影响深远的发明，肖克利、巴丁和布喇顿同时荣获了1956年的诺贝尔物理学奖。

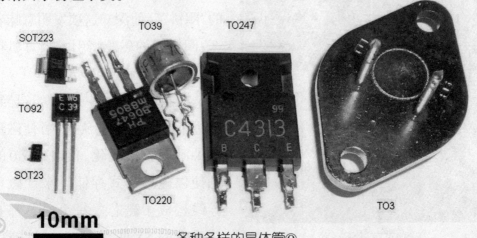

各种各样的晶体管①

# *1948* 年
# 王安开发磁芯存储器

1948年,哈佛大学的学者正与宾夕法尼亚大学和普林斯顿大学的学者在电子计算机研究项目上较着劲儿,谁都不愿因落后而仰人鼻息。6月初,制造过第一台大型通用电磁式计算机Mark I的艾肯教授将一项紧急任务交给了当时还在攻读博士学位的中国—美国计算机科学家王安:"尽快想出一种方案,一种不通过机械方式记录和读出存储信息的方案。"三个星期后,计算机存储领域的一项重大发明诞生了。

王安⑤

我们现在使用的存储器如硬盘、U盘等都是基于电磁原理制造的。而在电磁存储器发明之前,人们只能通过机械记录的方式存储数据,存储容量及存取速度都很低。

王安接受艾肯教授的任务后,把自己关在哈佛大学实验室,一门心思探索存储器的奥秘。当他再次跨进艾肯教授的办公室时,双手捧着一把黑乎乎的用镍铁合金材料做成的叫做"磁芯"的小玩意儿。艾肯教授小心翼翼地把它们放在放大镜下观察,透过镜片,他只看见了直径不到1毫米、用极细的导线穿成一串的"圈饼"。他深知这项发明意味着什么:圈饼式的磁芯将引发计算机存储器的一场革命!

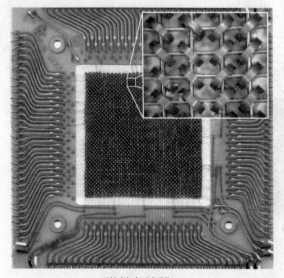

磁芯存储器①

在磁环里穿进一根导线,导线中流过不同方向的电流时,可使磁环按两种不同方向磁化,代表1或0的信息便以磁场形式存储下来。磁环和导线构成了磁芯。每个磁芯都有互相垂直的XY两个方向的导线穿过,

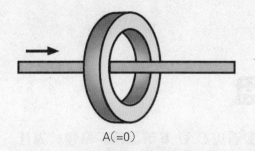

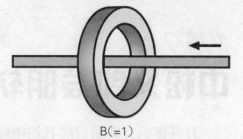

A（=0）　　　　　　　　　　　　　B（=1）

磁芯⑤

另外还有一条斜穿的读出线。根据磁化时电流的方向,磁芯可以产生两个相反方向的磁化,这就可以作为0和1的状态来记录数据。事先可以通过工艺,控制这个能让磁芯磁化的电流最小阈值。

王安于1949年10月获得美国磁芯存储器专利,他在磁芯存储器领域的发明专利共有34项之多。不久,麻省理工学院的计算机科学家福里斯特博士又在此基础上发展出了磁芯存储阵列,并首次使用在"旋

王安电脑公司的2200型文字处理机⑩

风"高速计算机里,从而使这种磁芯阵列从第一代电子计算机到第三代电子计算机都一直被采用。

　　王安发明的磁芯存储器,大大增加了计算机的存储量和运行速度,为计算机性能的提升作出了巨大贡献。1951年,王安离开哈佛大学,以仅有的600美元创办了王安实验室。1955年,王安实验室更名为王安电脑公司。1956年,王安将磁芯存储器的专利权卖给IBM公司,获得40万美元,他将这些钱全部投入研发新产品,公司陆续推出对数电脑和小型商用电脑。集成电路问世后,王安电脑公司又成功开发了文字处理机及其他办公室自动化设备。

　　1984年,美国电子协会授予王安"电子及信息技术最高荣誉成就奖"。1986年7月4日,王安被选为全美最杰出的12位移民之一,接受了里根总统颁发的"总统自由勋章"。

总统自由勋章ⓦ

# 1950 年
# 中松义郎发明软磁盘

打开你的计算机,在"我的电脑"里,你会看见C、D、E等盘符。奇怪!为什么没有A盘和B盘呢?原来,在计算机刚诞生的年代,硬盘还没有发明,那时的数据存储主要靠软磁盘。软磁盘驱动器按照顺序占据了A盘和B盘的位置,等硬盘开始使用时,就只能占据C盘及以后的盘符了。虽然现在的计算机中已经不再使用软磁盘,但系统在对盘符进行自动分配时,仍保留了这一规矩。

中松义郎①

1950年,在日本后来被誉为"现代爱迪生"的发明家中松义郎正就读于东京帝国大学,不分昼夜地忙于学习和发明。为了使超负荷运转的大脑得到放松,他喜欢边工作边欣赏贝多芬的第五交响曲。当时的留声机唱片转速是每分钟78转,密度低,音质不好,而且经常发出"嘶嘶"的杂音。如何才能提高音质呢?中松义郎陷入了沉思。经过一番思索后,中松义郎想到,可以发明一种软磁盘,将信息存储在磁道上,通过读写头来写入或读出,以避免对盘面的刮划。软磁盘的发明开创了存储时代的新纪元。

1967年,IBM公司推出世界上第一张软磁盘,直径32英寸(1英寸约为2.54厘米)。4年后,英国物理学家舒加特又推出一种直径8英寸的表面涂有金属氧化物的塑料质磁盘。8英寸的软磁盘体积仍然过大,携带很不方便。1976年,舒加特又研制出5.25英寸的软磁盘,即通常说的"5

8英寸、5.25英寸、3.5英寸软磁盘⑩

软磁盘驱动器◎

东京以中松命名的道路标识◎

寸盘"。1979年,索尼公司推出3.5英寸的双面低密度软磁盘,即通常说的"3寸盘",其容量为875KB,到1983年又扩大为1MB。"3寸盘"有一个硬质塑料外壳,用来保护里边的脆弱盘片。盘片上涂有一层磁性材料(如氧化铁),它是记录数据的介质。在外壳和盘片之间有一层保护层,可以防止外壳对盘片的磨损。计算机中的A盘即是5.25英寸软磁盘驱动器,B盘则是3.5英寸软磁盘驱动器。

3.5英寸软磁盘刚推出的时候并没有被一些主要个人计算机厂家所接受,市面上流行的依旧是5.25英寸的软磁盘。1987年4月,IBM公司基于386芯片的PS/2个人计算机系列正式配置了3.5英寸的软磁盘驱动器,大家都被这种体积更为小巧、容量却是5.25英寸软磁盘几倍的新软磁盘所吸引。3.5英寸软磁盘以其便宜的价格、相对较大的存储量很快全面占领市场,而3.5英寸软磁盘驱动器也开始正式取代5英寸软磁盘驱动器成为个人计算机的标准配置,走向了它一生中最辉煌的时期,这一绝对的垄断地位持续了十几年。

在20世纪的后30年,软磁盘是最普及的存储工具,它在计算机的发展与普及中起着不可替代的作用。如今,软磁盘因容量小且容易损坏,已被U盘、移动硬盘等各种大容量高速存储设备所取代。

U盘与软磁盘◎

# 1950 年
# 汉明码提出

错误，往往是难以避免的。人的思维会因心理、情绪和周围环境等影响而出错，计算机也会因各种干扰而出错。俗话说，失之毫厘，谬以千里，在大量的数据传输过程中，有时即使很小的错误也会引发严重的后果。有了错误当然就需要纠正。那么，计算机在通信和存储的过程中，是怎样以较小的代价检查并纠正错误的呢？

汉明，美国数学家。他 1939 年毕业于内布拉斯加大学艺术系，随后进入伊利诺伊大学香槟分校学习。1940 年，汉明到贝尔实验室工作。他使用的贝尔 V 型计算机以穿孔卡片方式输入，这不免会产生一些读取错误。计算机设置了特殊代码，能够发现错误并闪灯提醒操作者进行纠正。但是在没有操作者的周末和下班时间，机器只会简单地转移到下一个工作。不可靠的读卡机发生错误后总是必须重新开始计算。这个问题让汉明变得愈来愈沮丧。

汉明Ⓢ

伊利诺伊大学香槟分校Ⓘ

| 汉明码数据位 | | | | | | | | | | | | 状态位 | | | | 错误位 |
| 1 | 2 | 3 | 4 | 5 | 6 | 7 | 8 | 9 | 10 | 11 | 12 | $S_1$ | $S_2$ | $S_3$ | $S_4$ | |
| --- | --- | --- | --- | --- | --- | --- | --- | --- | --- | --- | --- | --- | --- | --- | --- | --- |
| 0 | 0 | 1 | 1 | 0 | 0 | 1 | 0 | 0 | 0 | 0 | 0 | T | T | T | T | 无错 |
| 0 | 0 | 1 | 1 | **1** | 0 | 1 | 0 | 0 | 0 | 0 | 0 | F | T | F | T | 第5位出错 |
| 0 | 0 | 1 | 1 | 0 | 0 | **0** | 0 | 0 | 0 | 0 | 0 | F | F | F | T | 第7位出错 |
| 0 | 0 | 1 | 1 | 0 | 0 | 1 | 0 | **1** | 0 | 0 | 0 | F | T | T | F | 第9位出错 |
| 0 | 0 | 1 | 1 | 0 | 0 | 1 | 0 | 0 | 0 | 0 | **1** | T | T | F | F | 第12位出错 |

汉明码的纠错原理

在没有纠错机制的编码中,如果某一段数据传输出现错误,往往是通过接收方发出出错信息,发送方重新传输这段数据来解决问题。如果传输通道所受干扰较大,则重传概率会很高,这大大加重了传输负担。1946年,汉明接受任务,着手解决通信中令人头痛的误码问题。1947年,他终于发明了一种能纠错的编码方式,并于1950年发表论文《检错码和纠错码》,正式提出著名的汉明码。

在接收端通过有纠错机制的译码自动纠正传输中的差错,称为前向纠错。通过在传输数据位中加入校验位(即保证数据位正确传输的数位,可通过对数据位进行特定计算得到),可以实现前向纠错。汉明码即是前向纠错编码的一种,它利用了奇偶校验的概念,通过在数据位后面增加校验位,以验证数据是否正确,减少重传概率,降低前向纠错的成本。汉明码包括检错和纠错的功能。利用一个以上的校验位,汉明码不仅可以验证数据是否正确,还能在数据出错的情况下指明错误位置。

进行奇偶校验的方法是:先计算数据中1的个数,通过增加一个0或1(即校验位),使1的个数变为奇数(称为奇校验)或偶数(称为偶校验)。例如,数据1001总共有4位,包括2个1,1的个数是偶数。如果是偶校验,那么增加的校验位就是一个0,反之,则增加一个1作为校验位。单一位置的错误可以通过计算1的个数是否正确来检测出来。对于同一段数据内有两个位置同时出错的情况,一位奇偶校验就检测不出来,但这种情况出现的概率很低。利用更多的校验位,汉明码可以检测两位码错误,每一位的检错都通过数据中不同的位组合计算出来。

虽然汉明码的发明是为了解决通信中的误码问题,但它对计算机同样有用。当计算机存储或移动数据时,可能会产生数据位错误,这时就可以利用汉明码来检测并纠错。汉明由于在数值方法、自动编码系统、错误检测和纠错码等方面的贡献,获得1968年度图灵奖。

# 1954 年
# 巴克斯开发 FORTRAN 语言

现实生活中，语言是人们相互交流最重要的手段。我们从一出生，就开始了学习语言的历程。语言的出现促进了人类社会的发展。

对计算机进行操作也需要语言，但计算机语言与人类的语言有很大的不同。计算机能够直接读懂的语言是机器语言（二进制语言），其指令是由0和1组成的一串代码。随后出现了汇编语言（符号语言），将机器语言的每一条指令符号化。这两种语言都是面向机器的低级语言，和具体机器的指令系统密切相关。用低级语言编制的程序就像天书，一般人看了不知所云。那么，谁能开发出一种更易理解、更加接近人类语言的高级点的计算机语言呢？

巴克斯⑤

巴克斯，美国计算机科学家。他青少年时代生活条件优越，整日嬉戏，不爱学习，曾被学校扫地出门。参军入伍后，他的聪明和才能受到上级赏识，被送去医学院深造，后转到哥伦比亚大学学习数学。毕业后，巴克斯偶然去IBM公司计算中心参观，感觉到这里做的正是适合他的富于挑战性的工作，并顺利通过测试留

哥伦比亚大学①

了下来。

1953年,巴克斯提交了一个备忘录,建议设计一种接近人类语言的编程语言代替机器语言,从根本上提高编程效率,降低编程费用。然而,这一划时代的建议却遭到IBM公司顾问冯·诺伊曼的反对,理由是不切实际。好在巴克斯的上级赫德比较开明而

IBM 704ⓦ

有远见,批准了巴克斯的计划。冯·诺伊曼后来也意识到自己在这件事情上的错误,没有坚持反对。1954年,人类历史上第一个高级编程语言——FORTRAN语言在纽约正式发布。1957年,第一个FORTRAN编译器在IBM 704计算机上实现,并首次成功运行了FORTRAN程序。

FORTRAN语言是世界上最早出现的计算机高级编程语言,它十分易学,且语法严谨。FORTRAN语言的最大特性是接近数学公式的自然描述,在计算机里具有很高的执行效率。它可以直接对矩阵和复数进行运算。

FORTRAN语言还是一种极具发展潜力的语言,它在全球范围内流行的过程中,不断吸收现代化编程语言的新特性。1966年推出第一个FORTRAN语言标准,称为FORTRAN 66;1970年代修订为FORTRAN 77;1991年国际标准化组织又批准了新的FORTRAN标准,称为FORTRAN 90。FORTRAN 90是国际上第一个支持多字节字符集的标准,该标准采纳了中国FORTRAN工作组关于字符的一些建议。FORTRAN语言至今已有几十年的历史,但它经久不衰,广泛应用于科学和工程计算领域,很多优秀的工程软件都使用FORTRAN语言编写。

巴克斯由于设计了第一个高级编程语言FORTRAN和发明了描述各种编程语言的最常用工具巴克斯—诺尔范式(BNF),获得1977年度图灵奖。

FORTRAN自动编码系统的
程序员参考手册ⓦ

# *1954* 年
# 贝尔实验室制成晶体管计算机

　　1950年代之前的第一代电子计算机都采用电子管作为元件,如IBM的701和650系列均是使用电子管的庞然大物。电子管元件体积大,在运行时产生的热量也大,而可靠性较差,运算速度不快,价格昂贵,这些都使计算机的发展受到限制。20世纪最伟大的发明之一晶体管诞生之后,人们便希望使用晶体管制造计算机,以减小计算机的体积与重量。世界上第一台晶体管计算机是为美国空军研制的。

　　晶体管是20世纪的一项重大发明,它不仅能实现电子管的功能,而且具有体积小、重量轻、寿命长、效率高、发热少、功耗低等优点。使用晶体管后,电子线路的结构大大改观,制造高速电子计算机的设想就更容易实现了。

　　1951年,贝尔实验室承担了一个项目,为美国空军评估构建一台晶体管机载数字计算机的可行性。该项目的最初目标是探索将晶体管用在数字计算机上,使计算机的体积大大缩小,从而开发出一种小型机载固态计算机,以解决轰炸导航问题。

B52轰炸机上的计算机键盘⦿

此后，一些模型机陆续问世："晶体管计算机1型"用来在实验室中探索使用晶体管制造数字计算机的可行性；"飞行版晶体管计算机"让机载固态计算机作为轰炸导航系统的控制元件成为可能；"小妖精"作为第二代实验用晶体管数字计算机，用于探索机载计算机新的固态设备的能力。

1954年5月24日，贝尔实验室的工程师们在美国计算机科学家费尔克的带领下，使用800个晶体管组装出了世界上第一台纯晶体管计算机，并取名为TRADIC（晶体管机载数字计算机），它是第二代电子计算机的原型。

费尔克在操作TRADICⓦ

晶体管的开关速度极高，加上其结构的简化，使计算机的速度有了极大的提升。TRADIC每秒可以执行100万次逻辑运算，其运行功率低于100瓦，而且比它的真空电子管前辈更加可靠。在计算机体积方面，ENIAC有房间般大小，而TRADIC则缩小到了衣橱般大小，占空间3立方英尺（约为0.085立方米）。不过，如果你近距离看TRADIC的话，常常会误认为它还是台电子管计算机。因为当年制造工艺的落后，TRADIC上的晶体管依旧使用了玻璃外壳的真空封装，而不像现在的晶体管那样，采用的是塑料或陶瓷封装。

舰载跟踪搜索雷达ⓦ

TRADIC是当时最快的机载数字计算机系统，可以处理飞行员的指令和航空仪表的飞行数据。该系统为美国空军提供了一种全新的方法来实现所需的精度、可靠性和简便性，以适应现代机载武器系统。TRADIC研制完成后，贝尔实验室又开发出了一种晶体管数字计算机，用在海军舰载跟踪搜索雷达上。

# 1955—1965年
# 第一代操作系统出现

　　早期的计算机就像大型的机械算盘，每次执行计算任务都要重新编写输入程序。当时的主要输入/输出设备是纸带和卡片，所以每个程序的启动和结束都需人工装卸载有"所要执行的程序及其要处理的数据"的纸带或卡片。在装卸纸带或卡片的过程中，计算机是完全空闲的，这大大降低了机器的利用率。随着计算机硬件性能的增强，以及要执行的计算任务越来越复杂，这种情况必须得到改变。这个问题是通过什么方式解决的呢？

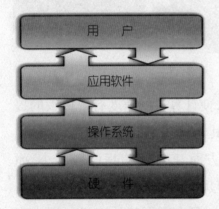

操作系统在计算机中的位置Ⓢ

　　研制出 EDSAC 的威尔克斯于1951年又发明了微程序设计方法，使得一些基本程序可以保存起来，按需要输入计算机，计算机不再是单纯的机械设备，而成了电子产品。不久，系统管理工具和简化硬件操作流程的程序也很快出现了。为了避免人工装卸程序和数据，提高机器利用率，人们发明了专门用来管理计算机硬件与软件资源的计算机程序——操作系统。

　　操作系统是用户和计算机的接口，同时也是计算机硬件和其他软件的接口。操作系统的功能包括管理计算机系统的硬件、软件及数据资源，控制程序运行，改善人机界面，为其他应用软件提供支持等，使计算机系统所有资源最大限度地发挥作用。

　　1955—1965年期间开发的单任务自动批处理操作系统通常被称为第一代操作系统，它的主要功能是通过作业控制语言，使多个程序可在计算机上自动连续运行，在上一个程序结束与下一个程序开始之间不需人工装卸

FMS是什么意思？

FORTRAN 监控系统。

FMSⓈ

IBM 7094① 　　　　　　　　IBSYS的标志ⓦ

和干预。此外，第一代操作系统通常还带有I/O(输入/输出)驱动库。

　　第一代操作系统的典型代表是FMS(FORTRAN监控系统)和IBSYS(IBM操作系统)。FMS是专为FORTRAN语言开发的操作系统，而IBSYS则是基于"共享"的理念为IBM公司的7090型和7094型计算机提供的操作系统。IBSYS实际上是一个读取放置在程序板和每个独立工作数据卡之间的控制卡信息的基础监督系统。每一个IBSYS控制卡以第一栏的"$"为开始标记，后面紧接着一个选定各种需要设立和运行的实用程序的控制名称。这些卡板信息由磁带读取，而不是直接由穿孔卡片阅读器读取。

　　综观计算机发展历史，操作系统与计算机硬件的发展息息相关。1960年代早期，商用计算机制造商制造的批处理系统可将工作的建置、调度及运行串行化，提供了简单的工作排序能力。后来，为辅助更新、更复杂的硬件设施，操作系统渐渐发生了演化，需要处理如管理与配置内存、决定系统资源供需的优先次序、控制输入与输出设备、操作网络与管理文件系统等事务，并提供让用户与系统交互的操作界面，分时机制也随之出现。当多处理器时代来临时，操作系统又添加了多处理器协调功能，甚至是分散式系统的协调功能。第一代操作系统控制的I/O设备是磁带、纸带、卡片等，现在已经被键盘、鼠标、显示器、打印机等取代。

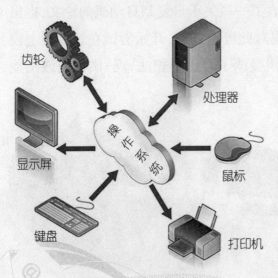

现代操作系统的作用Ⓢ

# 1956年

# 麦卡锡提出人工智能概念

公元2035年，智能型机器人已被人类广泛利用。作为最好的生产工具和人类伙伴，机器人在各个领域扮演着日益重要的角色。总部位于芝加哥的USR公司开发出了更先进的NS-5型超能机器人，然而就在新产品上市前夕，这种机器人的创造者朗宁博士却在公司内离奇自杀。警探史普纳接受了此案的调查工作，他怀疑这起案件并非人类所为……

以上片段摘自电影《机械公敌》的内容简介。自从计算机诞生以来，人类便不断赋予计算机更强的性能，使其不仅仅长于计算，而且具有智能，帮助人类做更多复杂的工作。随着计算机的发展，未来计算机的智能会与人类并驾齐驱吗？人工智能的概念又是怎样提出的呢？

电影《机械公敌》中的智能机器人头部模型◎

麦卡锡，美国数学家。他天赋很高，还在上初中时就自学了加州理工大学的低年级高等数学教材，1948年到普林斯顿大学数学系攻读博士。当年9月，他参加了一个"脑行为机制"的专题研讨会，会上冯·诺伊曼发表了一篇关于自复制自动机的论文，提出了可以复制自身的机器的设想。麦卡锡对此极感兴趣，开始尝试在计算机上模拟人的智能。1949年，麦卡锡向冯·诺伊曼谈了自己的想法，冯·诺伊曼鼓励他继续进行下去。

1956年，麦卡锡在达特茅斯学院任教期间联合香农（信息论创立者）、明斯基（后来的人工智能大师）等人，发起了"达特茅斯会议"，想通过共同努力设计出一台具有智能的机器。达特茅斯会议历时两个多月，麦卡锡在会上首次提出"人工

麦卡锡◎

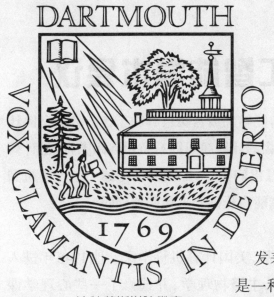

智能"（AI）概念，让机器的行为看起来就像是人所表现出的智能行为一样。那次讨论确立了可行的研究目标和方法，使得人工智能成为计算机科学中的一个独立的重要分支，获得了科学界的承认。

1959年，麦卡锡开发了著名的LISP语言，成为人工智能界第一个最广泛流行的语言。1960年，他将其设计发表在《美国计算机协会通讯》上。LISP是一种函数式的符号处理语言，其程序由一些函数子程序组成。LISP和数学上递归函数的构造方法十分类似，即从几个基本函数出发，通过一定的手段构成新的函数。

达特茅斯学院徽章①

1964年，麦卡锡担任斯坦福大学人工智能实验室主任。他提出了一种"情景演算"理论，其中"情景"表示世界的一种状态。当主体行动时，情景会发生变化，主体下一步如何行动不但取决于主体的状态，而且取决于主体关于状态知道些什么。情景演算理论吸引了许多研究者。

麦卡锡由于提出人工智能概念，并使之成为一个重要的学科领域，获得1971年度图灵奖，并被人们称为"人工智能之父"。

LISP语言⑩

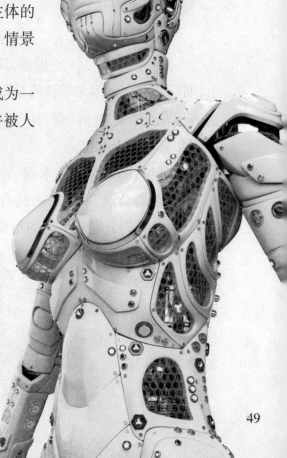

可与人情景交互的机器人①

# 1956年
# 明斯基等发起人工智能学术会议

　　如今的计算机外观各异、种类繁多,能够完成各种各样的工作。办公室的计算机可以帮助人们处理日常事务,会下棋的计算机可以打败世界级大师,由计算机控制的机器人能够快速接收工程师发出的指令,探索其他星球……计算机到底能够以多大程度代替人类工作? 机器能真正拥有人类的智能吗?

明斯基⊙

　　明斯基,美国计算机科学家。他1946年进入哈佛大学,主修物理学,并选修了一些心理学课程。当时流行的一些关于心智起源的学说让他难以接受,他想把这个问题弄清楚。

　　从1950年代早期开始,明斯基一直尝试用计算机刻画人类的心理过程,并设法赋予计算机以智能。1951年,他提出了关于思维如何萌发并形成的一些基本理论,并建造了一台学习机,名为SNARC。SNARC是世界上第一个神经网络模拟器,其目的是学习如何穿过迷宫。在SNARC的基础上,明斯基综合利用多学科的知识,解决了使机器能基于过去行为的知识预测其当前行为的结果这一问题,并以"神经网络和脑模型问题"为题完成了他的论文,1954年取得博士学位。

　　1956年,明斯基与麦卡锡、香农等人一起发起并组织了以人工智能为主题的"达特茅斯会议"。在这个具有历史意义的会议上,学者们分别从不同的角度共同探讨了人工智能的可能性。明斯基的SNARC、麦卡锡的α-β搜索法,以及西蒙和纽厄尔的"逻辑理

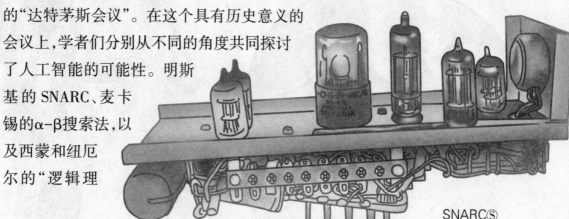

SNARC⑤

论家"软件成为会议的三个亮点。1958年,明斯基从哈佛大学转至麻省理工学院,同时,麦卡锡也从达特茅斯学院来到麻省理工学院。1959年,他们在那里共同创建了世界上第一个人工智能实验室。

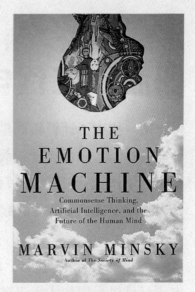

明斯基在人工智能方面的贡献是多方面的。1975年,他首创框架理论,以框架形式来表示知识。他把人工智能技术和机器人技术结合起来,设计出了世界上最早的能够模拟人类活动的机器人Robot C,使机器人技术跃上了一个新台阶。他创建了著名的"思维机公司",开发具有智能的计算机。

明斯基的著作之一①

明斯基还是"虚拟现实"的倡导者,虽然这个名词与概念在1990年代才出现。早在1960年代,明斯基就造了一个名词,叫telepresence,直译为"遥远的存在"或"远距离介入"。它允许人体验某种事件,而不需要真正介入这种事件,比如感觉自己在驾驶飞机,在战场上参加战斗,在水下游泳等。明斯基提出了利用微型摄像机、运动传感器等设备来实现telepresence的一些方案。

作为人工智能的倡导者,明斯基坚信人的思维过程可以用机器模拟,机器也是可以有智能的。他的一句流传颇广的话就是"大脑无非是肉做的机器而已"。明斯基由于发起人工智能学术会议和创立框架理论而获得1969年度图灵奖,成为获此殊荣的第一位人工智能学者。

模拟驾驶飞机ⓒ

# 1958—1964年
# 研制第二代电子计算机

第一代电子计算机的基本元件是真空电子管。电子管元件本身体积大、能耗高、故障多，采用电子管元件制造的计算机都是些重达几十吨的庞然大物，使用十分不便，这些都使计算机的发展受到限制。后来，晶体管被发明出来，电子计算机终于找到了腾飞的起点。

1958—1964年期间设计的计算机通常被称为第二代电子计算机。第二代电子计算机采用晶体管逻辑元件及快速磁芯存储器，计算机的体积不断缩小，功能不断增强，可以运行用FORTRAN语言或COBOL语言编写的程序，可以接受英文字符命令。

晶体管是一种固体半导体器件，有单极型和双极型两种，可以用于检波、整流、放大、开关、稳压、信号调制和许多其他功能。单极型晶体管也称场效应管，它是一种电压控制型器件，由输入电压产生的电场效应来控制输出电流的大小，工作时只有一种载流子参与导电。双极型晶体管也称晶体三极管，它是一种电流控制型器件，由输入电流控制输出电流，工作时有电子和空穴两种载流子参与导电。

无论多么优良的电子管，都会在使用过程中产生损耗，导致性能下降。而晶体管的构件很少损耗，寿命一般比电子管长100到1000倍。晶体管消耗的电能仅为电子管的十分之一或几十分之一，而功耗对计算机来说是一个非常重要的性能指标。

RCA 501Ⓢ

IBM 7090Ⓦ

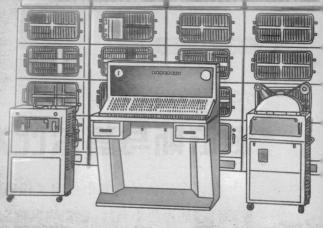

ATLAS① 441-B⑤

继美国贝尔实验室于1954年组装出第一台纯晶体管计算机TRADIC之后，美国无线电公司于1958年制成了一台全部使用晶体管的计算机RCA 501，运算速度提高到每秒几十万次，主存储器的存储量提高到10万位以上。

1959年，IBM公司生产出全部晶体管化的计算机IBM 7090。IBM 7090是IBM 700/7000系列科学计算机的第三个产品，使用穿孔卡片，有32K内存，用户数据在内存和一台磁鼓之间切换。

随着英国物理学家对更多计算能力的需求，曼彻斯特大学的基尔伯恩和他的团队开始了自己的超级计算机计划。他们的目标是制造一台多用户机，可以每秒执行大约100万条指令，主存储器最小要有500K。这个计划的项目名称起先叫做MUSE，后来，为英国国防部生产陀螺仪瞄准器和敌我识别雷达系统的英国费兰梯公司加入了该项目，双方合作后，该项目更名为ATLAS。1961年，世界上最大的晶体管计算机ATLAS安装完毕。1962年，第一台ATLAS交付曼彻斯特大学使用。

1961年9月，后来当选中国科学院院士的慈云桂随中国计算机代表团赴英参加学术会议，深感全晶体管化是计算机的未来。1962年3月，晶体管计算机设计组成立，哈尔滨军事工程学院的见习助教康鹏担任副组长。康鹏发明了"隔离—阻塞振荡器"，解决了晶体管性能不稳的问题，后来又以"双边推拉"的思路解决了触发器"一触即发，谁触都翻"的问题。1964年11月，运行速度为每秒2万次的中国第一台全晶体管计算机441-B研制成功，应用于"两弹一星"、歼6飞机等项目，以及中国电信、大庆油田等企业。

康鹏⑤

# 1959年
# 诺依斯与基尔比发明集成电路

在当今的各种大大小小电子设备的电路板上,几乎都能找到一些带有密密麻麻针脚的黑色小方片,它们的名称是"集成电路"。集成电路体积虽小,但功能强大,是人类智慧的高度浓缩。可以说没有集成电路,就没有发达的电子科技。集成电路是由谁发明的? 这样天才的设想又是怎样提出的?

许多计算机史学家都认为,要想了解美国硅谷的发展史,就必须了解早期的仙童半导体公司。1950年代后期至1960年代的仙童半导体公司称得上是当时世界上最大、最富创新精神和最令人振奋的半导体生产企业,为美国硅谷的成长奠定了坚实的基础。更为重要的是,这家公司还为硅谷孕育了成千上万的技术人才和管理人才,被誉为电子、计算机业界的"西点军校"。从仙童公司先后分出了上百家公司,包括Intel、AMD和硅谷最为显赫的风险投资公司KPCB。然而,仙童半导体公司完全是一个"偶然产生的企业"。

1955年,成就了"20世纪最伟大发明"的晶体管之父肖克利博士离开贝尔实验室返回故乡,在硅谷创建"肖克利半导体实验室"。1956年,以诺依斯、摩尔为首的8位青年科学家从美国东部陆续来到硅谷加盟肖克利实验室。他们的年龄都在30岁以下,风华正茂,学有所成,处在创造能力的巅峰。肖克利虽然是天才的科学家,但却缺乏经营管理能力。本想大干一场的8人,被肖克利的专制武断逼得忍无可忍,一年中没有研制出任何拿得出手的产品。

1957年,在诺依斯的带领下,8个年轻人一起向肖克利递上辞呈,肖克利怒不可遏地骂他们是"八叛逆"。他们原本没有创办企业的想法,但

肖克利Ⓕ

仙童半导体标志Ⓦ

第一块适合工业生产的集成电路纪念碑①

诺依斯⑩

是没有一家公司肯同时雇用他们8个人。"八叛逆"找到了纽约仙童摄影器材公司寻求合作,企业家费尔柴尔德先生给他们提供了3600美元创业基金,要求他们开发和生产商业半导体器件。于是,"八叛逆"创办的仙童半导体公司开张了。

在诺依斯的精心运筹下,仙童半导体公司的业务逐渐有了较大发展,员工增加到100多人。随着公司的茁壮成长,一整套制造晶体管的平面处理技术也日趋成熟。

1959年1月23日,诺依斯在日记里详细地记录了制造集成电路的设想,即利用一层氧化膜作为半导体的绝缘层,制作出铝条连线,使元件和导线合成一体。按这种设想,完全可以在硅芯片上集成几百个乃至成千上万个晶体管。

几乎在同一时期,美国德州仪器公司的青年研究员、物理学家基尔比也想到了类似的技术创意。基尔比在伊利诺伊大学和威斯康星大学所学专业都是电子工程学,他从英国科学家达默的思想里获得了启发。达默早在1952年就指出,可以把由半导体构成的晶体管组装在一块平板上而去掉它们之间的连线。根据这种想法,基尔比在笔记本上画出了设计草图。他独自实验,成功地把晶体管、电阻和电容等集成在微小的平板上,用热焊方式把元件以极细的导线互连,在不超过4平方毫米的面积上,大约集成了20余个元件。1959年2月6日,基尔比向美国专利局申报专利,这种由半导体元件构成的微型固体组合件,从此被命名为"集成电路"(IC)。

当基尔比发明集成电路的消息传到硅谷,诺依斯十分震惊。他当即召集"八叛逆"商议对策。基尔比面临的难题,比如在硅片上进行两次扩散和导线互相连

基尔比（前排中）①

接等等，正是仙童半导体公司的拿手好戏。诺依斯提出：可以用蒸发沉积金属的方法代替热焊接导线，这是解决元件相互连接问题的最好途径。仙童半导体公司开始奋起直追。1959年7月30日，诺依斯研制出的集成电路也申请到一项发明专利。

为争夺集成电路的发明权，德州仪器公司和仙童半导体公司开始了旷日持久的争执。1966年，基尔比和诺依斯同时被富兰克林学会授予"巴兰丁奖章"，基尔比被誉为"第一块集成电路的发明家"，而诺依斯被誉为"提出了适合于工业生产的集成电路理论"的人。1969年，美国联邦法院最后从法律上承认了集成电路是一项"同时的发明"。

集成电路的发明为开发电子产品的各种功能铺平了道路，使微处理器的出现成为可能，也使计算机变成了普通人可以亲近的日常工具。集成技术的应用催生了更多方便快捷的电子产品，比如常见的袖珍计算器就是基尔比继集成电路之后的一个新发明。如果电子技术止于晶体管，计算机就难以普及，我们的生活也不会像现在一样丰富多彩。

2000年，集成电路问世41年以后，基尔比与另两位科学家因分别发明集成电路、快速晶体管和激光二极管，为现代信息技术奠定了基础，被授予诺贝尔物理学奖。诺依斯则因于1990年已去世，未能获此殊荣。

诺依斯发明的集成电路①

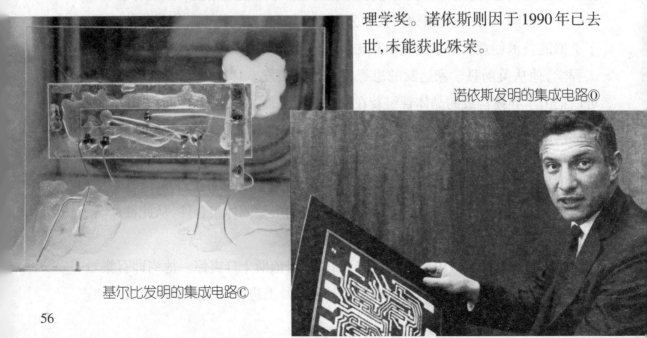

基尔比发明的集成电路©

# *1959—1960*年
# 佩利等开发 ALGOL 60 语言

1952 至 1956 年间，程序设计经历了一个演变的过程，这部分是由于系统分组的复杂性要求一个更具结构性的操作系统，部分是由于科学、数学上对程序设计都提出了提高工作效率的需求。这种演变是全球性的。1957 年，美国计算机协会（ACM）成立了程序设计语言委员会，准备与以当时联邦德国应用数学和力学协会（GAMM）为主的欧洲小组一起合作，设计通用的高级程序语言。不久，一种全新的程序设计语言诞生了。

佩利Ⓢ

佩利，美国数学家、计算机科学家。他 1947 年取得加州理工学院数学硕士学位，1950 年取得麻省理工学院数学博士学位。1951 年在美国陆军军械部设在马里兰州的阿伯丁试验基地内的弹道研究实验室干了一年后，他回到麻省理工学院参加"旋风"计算机计划，为"旋风"计算机编制程序。

世界上第一台存储程序式电子计算机是威尔克斯设计、完成于 1949 年 5 月的 EDSAC，最早开始研制的存储程序式计算机则是冯·诺伊曼设计、宾夕法尼亚州斯沃斯莫尔学院建造的 EDVAC。但 EDSAC 和 EDVAC 都是串行计算机，即数据的传送和运算是按位逐一进行的。这样的计算机运算部件少，运算也简单，但速度较慢，不能满足某些应用的需要。世界上第一台存储程序式的并行计算机就是"旋风"计算机，它的设计要满足用风洞来研究飞机稳定性的要求。处理飞机稳定性需要 2000 条以上指令，必须改串行为并行。考虑到机器体积不宜过大，"旋风"计算机被设计成 16 位字长的并行计算机。

"旋风"计算机Ⓦ

佩利在"旋风"计算机上工作到1952年9月。之后,佩利来到印第安纳州普渡大学,创建了全美大学中的第一个计算中心,并出任计算中心主任。他在那里设计了一种称为"内部翻译者"(Internal Translator,简称IT)的语言,并开发了IT的编译器。1956年,佩利转到卡内基理工学院,又推动该校成立了计算中心,他自己出任主任。这些工作奠定了佩利作为计算机程序设计语言先行者的地位。当ACM于1957年成立程序设计语言委员会时,佩利被任命为这个委员会的主席。

1958年5月27日,瑞士苏黎世召开了一场8个人的研讨会,出席的有ACM的4名代表和GAMM的4名代表,佩利是这次会议的组织者。出席研讨会的专家们力求设计并规划一种更好的高级语言,叫做国际代数语言(IAL)。在讨论过程中,佩利认为IAL这个词很绕口,于是将它改名为ALGOL,它是Algorithmic Language(算法语言)的简称。会议结束后,他们成立了一个工作组,根据讨论的结果开发ALGOL的编译器。1958年年底,第一套编译器诞生了,按照年份命名为ALGOL 58。

1960年1月,在总结了一些经验之后,佩利再次召集参与ALGOL工作的计算机科学家在巴黎开了又一场研讨会,会上发表了《算法语言ALGOL 60报告》,确定了程序设计语言ALGOL 60。《算法语言ALGOL 60报告》首先使用了巴克斯—诺尔范式来定义程序设计语言的语法,17页长的报告展示了对优雅清晰的语言的完美定义。而之前的所有计算机语言都只有说明性的使用手册和编译代码,没有正式的定义。这份报告的执笔人就是改进了巴克斯

卡内基理工学院①

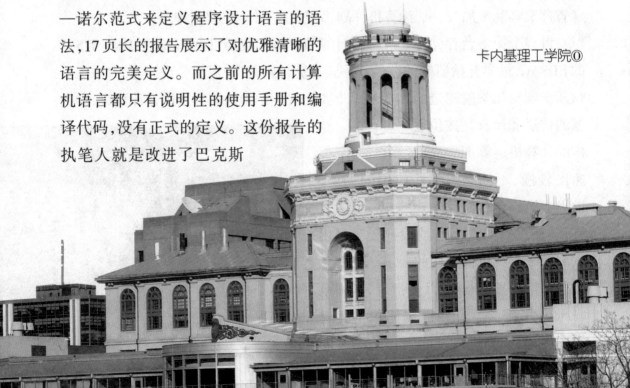

提出的描述语言语法方案,使之完善成为巴克斯—诺尔范式的丹麦天文学家、计算机科学家诺尔博士,他被认为是创造了这种算法语言的强大功能和简易性的重要贡献者。

ALGOL 60是程序设计语言发展史上的一个里程碑,它标志着程序设计语言由一种"技艺"转而成为一门"科学",开拓了程序设计语言的研究领域,为后来软件自动化工作及软件可靠性问题研究的发展奠定了基础。ALGOL 60的主要特点有:

诺尔◎

1. 首次引进局部性概念,既扩充了语言的表达能力,又可节省内存空间,提高程序的紧凑性;

2. 语言含有动态成分,从而明显提高了语言的表达能力;

3. 递归性的引进开拓了软件的研究领域,促进了软件的发展;

4. 它的语法和语义均有严格的描述,特别是语法,采用了著名的巴克斯—诺尔范式,结构清晰,理论严谨。

1960年夏天,荷兰数学家戴克斯特拉开发了第一个ALGOL 60编译器。随后,佩利将它引入了大学课堂。1962年,佩利又对ALGOL 60进行了修正,发表了《算法语言ALGOL 60的修改报告》。

ALGOL 60的发展是一群极具天赋的人才的工作成果,其中的三位科学家先后获得了图灵奖。佩利由于在ALGOL语言的定义和扩充上所作出的重大贡献,以及在创始计算机科学教育上所发挥的巨大作用而成为首届图灵奖(1966年)获得者。另两位获奖者是戴克斯特拉(1972年)和诺尔(2005年)。

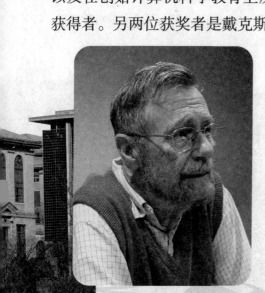

在接下来的30年里,ALGOL一直是教育界和学术界用来描述算法的不二之选,它的许多概念都被后来的编程语言沿用。包括C、C++和PASCAL在内的许多主流语言,都因为继承了ALGOL的许多概念,而被称为"类ALGOL语言"。为提供更广泛的应用,国际信息处理联合会又于1968年推出了后继产品ALGOL 68。

戴克斯特拉◎

# 1960年
# 威尔金森提出向后误差分析法

计算机的应用有两大领域：数值应用和非数值应用。数值应用主要是解各种方程和算各种函数，求出它们的数值结果，处理对象是数值数据；非数值应用主要指数据管理和数据处理，处理对象是非数值数据。在数值应用方面，计算机只能做简单的加、减、乘、除四则运算。按照数学家给出的算法，通过这些运算，计算机就能求得相应的数值结果。但这些数值结果总是有误差的，那么，它们的误差又该怎么衡量呢？

威尔金森，英国皇家科学院院士、数学家。他19岁就从剑桥大学毕业，并获得一等荣誉奖章，然后进入剑桥数学实验室的军械研究所工作。第二次世界大战结束后，威尔金森进入英国国家物理实验室的数学部，一

威尔金森Ⓢ

半时间在台式计算机处工作，一半时间协助图灵设计ACE计算机。根据图灵的设计，ACE是一台串行定点计算机，采用水银延迟线作为存储器，可以随意从数值计算切换到代数运算、密码破解或文件操作。与同时代的美国同行相比，图灵的设计无疑是更加先进的。

ACE项目由国家物理实验室负责设计，政府供应部负责生产。由于双方缺乏合作且难以磨合，该项目一度搁浅，图灵也于1948年离开了国家物理实验室。威尔金森接手负责该项目后，总结了前阶段设计与实施ACE的经验教训，

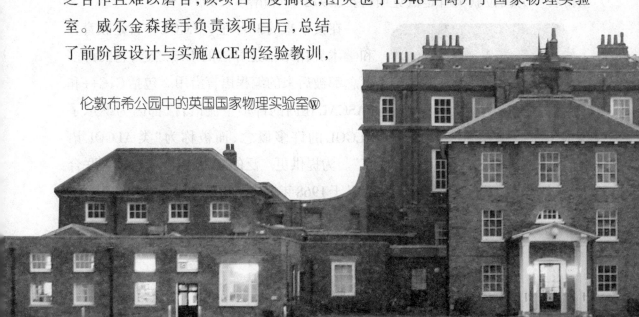

伦敦布希公园中的英国国家物理实验室Ⓦ

ACE计算机①

Pilot ACE 的
穿孔卡片①

果断采取了两项措施：一是与工程小组加强联系合作，改变过去那种隔绝的局面；二是放弃原先过于庞大的计划和规模，改搞试验性的ACE，也就是Pilot ACE。

1950年5月10日，Pilot ACE第一次正式试运行成功。1950年11月，国家物理实验室举行了隆重的"开放日"，邀请新闻界和一批知名人物前来参观。ACE成功地表演了三个程序：由参观者任意给出一个6位数，机器判定它是否为素数，如果不是素数，则给出其一个因子；由参观者任意说出公元1—9999年中的任意一个日期，由机器给出这天是星期几；由机器跟踪光线通过一组棱镜后的偏振光。

作为一名数学家，威尔金森的主要贡献是在数值分析方面。1960年，威尔金森在研究矩阵计算误差时提出了"向后误差分析法"，它是一种先验性估计。假设结果是由一系列已知量经过基本算术运算确定的。由于计算中会产生舍入误差，实际算出的值与准确值并不相同。向后误差分析法把舍入误差与导出结果的已知量的某种微扰（即微小误差）联系起来，推出这些微扰的界，然后利用微扰理论估计最后得到的舍入误差的界。向后误差分析法目前已成为计算机上各种数值计算最常用的误差分析手段。

威尔金森由于在数值分析、线性代数、向后误差分析法等方面的突出贡献，获得了1970年度图灵奖。

# 1961 年
# 考巴脱开发分时系统

　　1950年代和1960年代初期，计算机都是以批处理方式工作的，人们将编好的程序预先用穿孔的方式记录在卡片或纸带上，通过光电读卡机或读带机输入计算机，然后才能运行程序。一批程序运行完以后，再输入另一批由穿孔卡片或纸带记录的程序。这种方式导致计算机的使用效率极低，许多资源大部分时间处于闲置状态。有没有办法改善这一状况，让闲置的资源轮流为多个用户服务呢？

考巴脱①

　　美国计算机系统专家考巴脱教授是西班牙移民的后裔。他1926年6月生于美国奥克兰。考巴脱念高中时，第二次世界大战爆发，他在2年内完成了3年的学业，提前毕业进入加州大学洛杉矶分校，但只念了一年书，就应征入伍，参加了海军。考巴脱在一艘驱逐舰供应船上担任电子技师，负责维护雷达、声纳等各种无线电电子设备。战后，考巴脱进入加州理工学院学习，后又去麻省理工学院学习物理。麻省理工学院的莫尔斯教授筹划建立了计算中心，考巴脱获得博士学位后就留在这个计算中心工作。

　　1959年1月，当时也在麻省理工学院工作的麦卡锡首次提出"分时"的概念，以解决批处理方式效率低下的问题。分时的基本思想是将计算机主机时间划分为许多"时间片"，轮流为多个终端用户服务。由于计算机主机速度很快，每个终端用户都能得到快速响应，用户都感觉自己好像在独占计算机一样。麻省理工学院成立了一个"长期研究委员会"负责实现麦卡锡的设想，考巴脱是该委员会的成员之一。但麦卡锡因与委员会主席产生矛盾，中途离开去了斯坦福大学。这样，实现麦卡锡设想的重任落在了考巴脱的身上。

　　1961年，世界上第一个分时系统CTSS在考巴脱

莫尔斯⑤

领导下研制成功,大型主机可以为多达30个终端联机用户以分时方式提供服务,利用主机资源进行运算。分时系统的出现彻底改变了计算机的工作方式和使用方式,开创了以交互方式让多用户同时共享

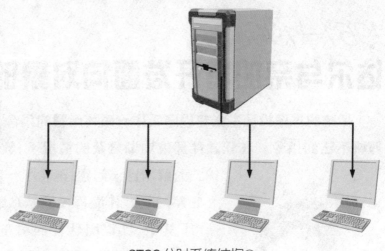

CTSS分时系统结构⑤

计算机资源的新时代,成为计算机发展史上划时代的重大突破。分时系统的实现也是计算机真正走向普及的开始。

CTSS的成功开发引起了美国国防部高级研究计划署(ARPA)的重视,该署决定出资300万美元启动MAC项目,以完善CTSS,实现第二代分时系统。贝尔实验室、麻省理工学院和通用电气公司共同承担了MAC的研制任务。

1969年,考巴脱推出了著名的多路信息计算系统,简称MULTICS。作为一种通用的操作系统,MULTICS能把计算机资源有效地分配给多个远程用户程序,并同时解决了安全和保密等问题。MULTICS虽然在商业上没有取得很大成功,但它在计算机系统的发展史上仍占有重要的地位。作为现代操作系统的雏形,MULTICS所开创的一系列概念和技术对后来的操作系统产生了很大影响,甚至被作为基本技术、核心技术承袭下来。例如,UNIX系统就借鉴了MULTICS的许多思想。

考巴脱由于在CTSS和MULTICS中所发挥的巨大作用,获得1990年度图灵奖。

ARPA总部①

# 1961—1968 年
# 达尔与奈加特开发面向对象的编程语言

传统的程序设计主张将程序看作一系列函数的集合,或者就是一系列对计算机下达的指令。在软硬件环境逐渐复杂的情况下,软件如何得到良好的维护?为解决这一问题,诞生了一种程序开发的新方法,它将"对象"作为程序的基本单元,程序和数据封装于其中,以提高软件的可重用性、灵活性和扩展性。面向对象的程序设计中的每一个对象都能够接受数据、处理数据,并将数据传递给其他对象。

达尔⑤

汇编语言出现后,程序员不必直接使用0和1来表示指令,而是利用符号来表示,从而能够更方便地编写程序。程序规模继续增长后,出现了FORTRAN等高级语言,程序员可以更好地应对日益增加的复杂性。但是,如果软件系统达到一定规模,即使应用结构化程序设计方法,局势仍将变得不可控制。作为一种降低复杂性的工具,面向对象的编程语言产生了。这种语言的设计者是两个挪威人。

挪威计算机科学家达尔和奈加特大学毕业后都进入了挪威国防研究院工作,后来又都转到了挪威计算中心。达尔的研究方向偏重于计算机,奈加特的研究则主要集中在运筹学方面,包括线性规划与非线性规划、网络优化、对策论等。

运筹学研究中的首要问题是为实际系统建立数学模型,1950年代,这种模型通常是通过符号标记来实现的。1961年,奈加特对如何改进模型形成了清晰的概念,并与达尔合作,于1962年提出了模拟语言Simula的第1版。1964年3月,达尔和奈加特完成了语言设计,同年12月,第一个Simula Ⅰ编译器诞

奈加特(右)①

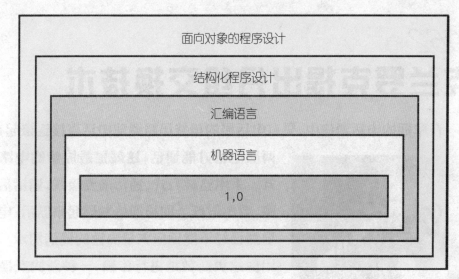

程序设计的结构层次⑤

生。Simula Ⅰ是世界上第一个能对离散事件系统进行模拟的程序设计语言,特别适用于网络功能的开发。

1965年秋,挪威工学院与挪威计算中心联系,希望为UNIVAC 1107计算机开发一个Simula编译器。在此过程中,达尔和奈加特将设计目标由专用语言逐渐转向通用语言,并首次引入了现今最流行、最重要的面向对象技术所遵循的基础概念:对象、类、继承和动态绑定等,最终形成了第一个面向对象的程序设计语言Simula 67。1967年5月20日,在挪威奥斯陆郊外的小镇吕瑟布举行的世界计算机大会TC-2工作会议上,达尔和奈加特正式发布了Simula 67。1968年2月,Simula标准制订小组形成了Simula 67的正式文本。

Simula 67被认为是最早的面向对象的编程语言,它对后来出现的Object-C、C++、Self、Eiffel等面向对象的编程语言都产生了深远的影响。随着面向对象语言的出现,面向对象的程序设计也应运而生,并得到了迅速发展。

达尔和奈加特由于在面向对象的程序设计方面的奠基工作,获得2001年度图灵奖。

挪威计算中心①

65

# 1962年

# 克兰罗克提出分组交换技术

在早期的电话通信中，只有电话局的接线员将两部电话直接连接起来时，这两部电话才能通话，这就是最原始的电路交换方式。采用这种方式，通话前要接线，通话后又要拆除，效率很低。网络通信发展起来以后，电路交换显然已经不能适应大量高速的通信需求。为了利用网络更高效地进行传输，一种新的交换技术诞生了。

早期的电话接线员①

克兰罗克，美国计算机科学家。他1959年在麻省理工学院做博士论文时，有很多同学选择了热门的信息理论，他却选择了前景未卜的数据网络作为研究方向。1962年，他完成了论文《大通信网的信息流》，正式提出分组交换技术。1964年，他的论文正式出版，书名为《通信网络》，该书奠定了分组交换技术的基础。

从交换技术的发展历史看，数据交换经历了电路交换、报文交换、分组交换和综合业务数字交换的过程。分组交换是在"存储—转发"的基础上发展起来的，兼有电路交换和报文交换的优点。

分组交换也称包交换，它将用户传送的数据按一定的长度分割为许多小段，每个小段叫做一个分组，通过传输分组的方式传输信息。在每个分组的前面加上一个分组头，用以标识该分组发往何地址。经过标识后，多个数据分组可以在一条物理线路上采用动态复用技术同时传送。来自发送端的数据暂存在交换机的存储器内，然后由交换机根据每个分组的地址标志，将它们转发至目的地。到达接收端后，去掉分组头，即可将各数据字段按顺序重新装配成完整的报文。

克兰罗克⑤

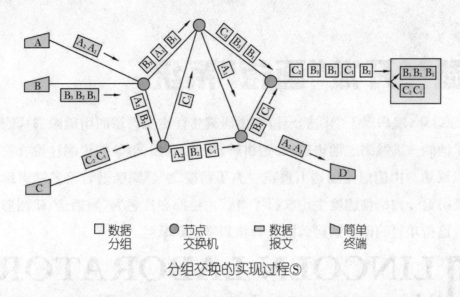

□ 数据　●节点　□ 数据　□简单
　 分组　　 交换机　　报文　　 终端

分组交换的实现过程Ⓢ

分组交换与电路交换相比有许多优点。一是利用率高,节点到节点的单个链路可以由很多分组动态共享,各个分组被尽可能快速地在链路上传输。二是可以实行数据率的转换,两个不同数据率的终端之间也能够交换分组。三是实现了排队制,当电路交换网络上负载很大时,一些呼叫会被阻塞,而在分组交换网络上,分组仍然被接受,只是交付时延会增加。四是可以有优先级,如果一个节点有大量分组在排队等待传送,它可以先传送高优先级的分组。

在加州大学洛杉矶分校工作时,克兰罗克又对发展美国国防部高级研究计划署网(ARPANet)作出了相当重要的贡献。他利用无限分组交换网与卫星通信网,通过接口信号处理机(IMP)把不同地点的计算机主机连接起来。首批联网的有4个节点,加州大学洛杉矶分校是该网络的第一个节点。

克兰罗克教授是被称为"互联网之父"的先驱之一,在计算机网络领域作出了非常重要的贡献,他提出的分组交换技术后来成了互联网的标准通信方式。克兰罗克由此获得2001年度美国工程院德雷珀奖。

克兰罗克与第一台IMPⓌ

# 1963 年
# 萨瑟兰开发"画板"系统

1963年，麻省理工学院的一位博士研究生在论文答辩时用放映影片的方式展示了他的一项发明。他边放映、边讲解，生动、活泼、形象的说明让论文答辩取得极大成功。由信息论创始人香农、"人工智能之父"明斯基等著名学者组成的答辩委员会一致给他的博士论文打了"优"。这部影片名为《画板：人机图形通信系统》，这位年轻的博士则是美国计算机科学家萨瑟兰。

# LINCOLN LABORATORY
## MASSACHUSETTS INSTITUTE OF TECHNOLOGY

麻省理工学院林肯实验室标志①

1950年代，计算机刚刚问世。上中学的萨瑟兰被这种神秘而又令人向往的机器深深吸引，自己动手设计并装配了一些用继电器工作的计算装置，积累了最基本的计算机知识和经验。1959年，萨瑟兰在卡内基理工学院获得电气工程学士学位，第二年又在加州理工学院获得硕士学位，打下了很好的专业基础。一到假期，萨瑟兰就到IBM公司打工，更是积累了丰富的实践经验。然后，萨瑟兰到麻省理工学院攻读博士学位，在林肯实验室的TX-2计算机上完成导师交给他的博士论文课题——三维的交互式图形系统。萨瑟兰依靠扎实的专业基础和勤奋的工作，用3年时间完成了这个艰巨而复杂的任务，开发成功了著名的"画板"系统。

"画板"系统配有一支光笔，当光笔在计算机屏幕表面移动时，光栅系统会测量笔在水平和垂直两个方向上的运

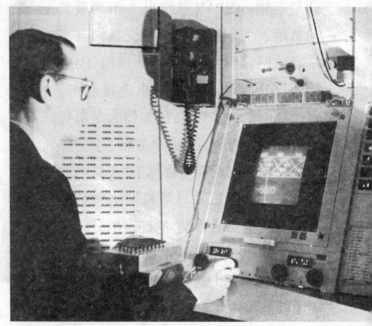

萨瑟兰与"画板"系统①

动,并在屏幕上产生一根线条。线条可以被拉长、缩短、旋转,还可以连接起来表示物体。

1963 年之前,人与计算机之间的交流依赖于人工输入的代码。萨瑟兰发明的"画板"系统是第一种抽象的计算机输入方式,使用者可以利用光笔直接和计算机屏幕进行互动式交流。

计算机图形学的软件模拟◎

人和计算机之间第一次以图形的方式建立了关联,这一关联后来被称为"界面"。"画板"系统带来了许多新概念,包括动态图形、视觉模拟、有限分辨率、光笔追踪及无限可用协调系统等等。

"画板"系统的出现标志着计算机图形学的正式诞生,并为CAD/CAM(计算机辅助设计/制造)、计算机美术与设计、计算机动画艺术、科学计算可视化、虚拟现实等重要应用的发展打开了通道。萨瑟兰因此被称为"计算机图形学之父"。

计算机图形学是一种使用数学算法将二维或三维图形转化为计算机显示器的栅格形式的科学,它的主要研究内容就是如何在计算机中表示图形,以及利用计算机进行图形的计算、处理和显示。

1965 年,萨瑟兰提出"虚拟现实"的概念,也有人称之为"虚拟环境"。它是美国国家航空航天局及军事部门为有效模拟实际场景而开发的一门高新技术,它利用计算机图形产生器、位置跟踪器、多功能传感器和控制器等,使观察者产生一种身临其境的感觉。由此,萨瑟兰也被称为"虚拟现实之父"。

萨瑟兰由于计算机图形学方面的成就,获得 1988 年度图灵奖。

虚拟现实系统Ⓦ

# 1964 年
# 恩格尔巴特发明鼠标

    输入设备是用户和计算机系统之间进行交流的主要装置之一。计算机有了显示屏之后，人们受打字机的启发又发明了字符输入设备——键盘。最常见、使用最频繁的图形输入设备是鼠标，它的出现大大改变了人机交互的方式。最初的鼠标是什么样子的？它又是怎样成为个人计算机的标准配置的？

恩格尔巴特在讲课①

    恩格尔巴特，美国发明家、计算机科学家。他1956年在加州大学伯克利分校取得电气工程/计算机博士学位，完成学业以后，进入了著名的斯坦福研究院。恩格尔巴特积极推动和参与了美国国防部高级研究计划署网（ARPANet）计划，是联网初期该计划的13个主要研究人员之一。在斯坦福研究院任职的20年间，恩格尔巴特共获得了21项专利发明，其中最著名的发明就是鼠标。

    基于计算机和通信的工作环境对于人类文明和社会进步非常重要，恩格尔巴特是最早认识到这一点的少数学者之一。他认为必须改善人机交互方式，发展交互式计算技术。1964年，他发明的鼠标成为代替键盘操纵计算机的方便工具，为交互式计算奠定了基础，因此被电气与电子工程师协会（IEEE）列为计算机诞生50年中最重大的事件之一。

    恩格尔巴特发明的世界上第一个鼠标，外壳是用木头精心雕刻而成的一个盒子，盒子表面只有一个按键。盒子的底部安装有金属滚轮，与电位计相连，用以控制光标的移动。1967年6月21日，恩格尔巴特将他发明的装置用"X–Y定位器"的名称申请专利，并于1970年获得了这项专利。由于这个装置像老鼠一样拖着一条长长的"尾巴"，他的同事们戏称它为Mouse。这个名字简洁又形象，于是流传了下来，译成中文时就成了"鼠标"。

第一个鼠标◎

以今天的眼光来看，这个原始的鼠标显得相当简陋。它棱角分明，硕大又笨重，而且需要配备一个额外的电源才能够正常工作，使用起来并不方便。由于使用了大量机械组件，随着时间的积累，这个鼠标会出现非常严重的磨损问题。另外，它使用的是模拟技术，反应灵敏度和定位精度都不够理想。

那个年代的主流计算机大多用在与国防有关的关键场合，运算能力是决定优劣的唯一指标，没有什么人会去关注人机操作界面。在其后的许多年中，鼠标这项发明基本上被束之高阁，直到1973年Alto的出现。Alto是施乐公司帕克研究中心研制成功的世界上第一台具有图形界面的个人计算机。帕克研究中心为Alto配上了鼠标，使计算机的操作更加快捷与方便。1983年，苹果计算机公司把经过改进的鼠标装在新推出的Lisa个人计算机上，鼠标对于计算机的影响开始体现。紧接着，微软公司的Windows 3.1也对鼠标提供了支持。此后，鼠标得到了迅速普及，它开始像键盘一样成为个人计算机必不可少的输入设备。

1990年代，鼠标随着全球范围内网络热的升温而走向世界。尤其是Internet这一最热门的信息资源网，把全世界的计算机用户紧密联系在一起。从此，无论上网的还是没有上网的计算机用户，都离不开这只小小的"老鼠"了。

恩格尔巴特对互联网的贡献远远不止发明了鼠标，他是ARPANet网络信息中心主任，还开发了OHS开放超文本系统。因发明鼠标，以及在超文本研究方面的贡献，恩格尔巴特获得1997年度图灵奖。

第一个鼠标的滚轮和"尾巴"◎

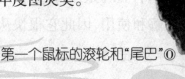

# 1964 年
# 凯梅尼与卡茨开发 BASIC 语言

　　若想充分地了解和使用计算机，一般需要掌握至少一门编程语言。在计算机普及的早期，计算机编程语言往往较为复杂，像 FORTRAN 那样的语言都是为专业人员设计的。能不能开发出一种简单易用的语言，让没有编程经验的人，尤其是那些非计算机专业的学生也能很快掌握，并通过这种语言学会使用计算机呢？

　　凯梅尼，美国计算机科学家。他 1943 年进入普林斯顿大学学习数学和哲学，1947 年获得学士学位。在这期间，他曾参与曼哈顿计划，与冯·诺伊曼一起工作。后来，凯梅尼又获得数学博士学位，1953 年进入达特茅斯学院数学系工作。

　　卡茨，美国计算机科学家。他毕业于伊利诺伊州诺克斯学院，1956 年在普林斯顿大学获得数学博士学位，随后也进入达特茅斯学院数学系工作，开始了与凯梅尼的长期合作。

　　1964 年，凯梅尼与卡茨一起开发了一个达特茅斯分时系统，并在简化 FORTRAN 语言的基础上，研制出一种"初学者通用符号指令代码"，简称 BASIC。BASIC 是一种交互式高级程序设计语言，简单易学，具有人机对话功能，其程序便于修改和调试。

　　使用计算机来帮助教学和研究在那个时候是非常新颖的一件事情。BASIC 语言特别针对那些没有深厚的数学功底，又对学习这些数学知识不感兴趣的学生。相比当时其他的程序设计语言，BASIC 语言更容易被普通人理解和使用，因此它很快从

凯梅尼（右）与卡茨（左）Ⓢ

基于BASIC的家用电子游戏系统Ⓦ

校园走向社会,在很长一段时间里都被作为初学者学习计算机程序设计的首选语言。

BASIC语言小巧灵活,既可作为批处理语言使用,又可作为分时语言使用;既可用解释程序直接解释执行,也可用编译程序编译成目标代码再执行。BASIC语言还具有交互会话功能,在程序执行过程中用户和机器可以相互问答,并可在程序执行暂停时插入新的执行语句。BASIC语言甚至被应用于电子游戏的开发。

BASIC语言的早期版本是非结构化的,缺乏统一的标准。而且,BASIC语言大多采用解释执行方式,即对源程序逐句分析并执行,程序运行的速度较慢。此外,BASIC语言把用户使用的内存空间限制在64K以内,不适宜大型程序的开发。随着计算机科学的迅猛发展,高级语言也在不断地更新和完善。结构化程序设计的原则提出后,人们渴望用一种完美的现代版本来取代陈旧的BASIC语言。

True BASIC实例Ⓞ

　1984年,凯梅尼和卡茨总结了应用BASIC语言的经验和各种高级语言的优点,公布了BASIC语言的新版本True BASIC。True BASIC不仅保留了原BASIC语言的通俗易懂、易学易用的突出优点,而且有了重大改进和扩充。它增加了许多功能极强的语句和函数,强化了全屏幕编辑功能和高效率的图形功能;它提供了解释和编译两种执行方式,可以把编辑、缩译、运行、追踪等融为一体;它具有很好的可移植性,而且它开辟的用户空间可以扩展到整个内存。1985年,美国国家标准化协会批准了True BASIC的标准版本。中国于1986年引进该版本。

在BASIC语言的基础上,微软公司又开发了面向对象的可视化程序设计语言Visual BASIC。1991年4月,Visual BASIC 1.0 for Windows发布;1992年9月,Visual BASIC 1.0 for DOS发布。Visual BASIC是第一个"可视"的编程软件,许多专家把它的出现当作是软件开发史上的一个具有划时代意义的事件。程序员们欣喜异常,纷纷尝试在Visual BASIC的平台上进行软件创作。微软公司不失时机地在四年内接连推出Visual BASIC的2.0、3.0、4.0三个版本,并且从Visual BASIC 3.0开始集成了Access的数据库驱动,使得Visual BASIC的数据库编程能力大大提高。

随着计算机技术的迅速发展,计算机厂商不断在原有的BASIC语言基础上进行功能扩充。BASIC语言的许多功能已经能与其他优秀的计算机高级语言相媲美。BASIC语言的改进版本如Visual BASIC等一直沿用至今。

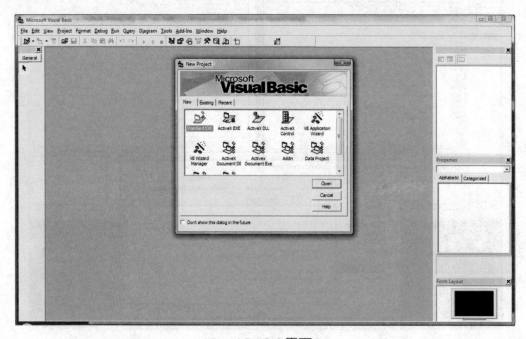

Visual BASIC界面ⓦ

# 1964—1965 年
# 哈特马尼斯与斯特恩斯提出计算复杂性理论

　　想让计算机执行一项计算任务,首先需要编制计算机程序。在编制计算机程序的过程中,设计算法是最重要的一环。算法是解决问题的一系列清晰指令,同样的计算任务可以用不同的算法来完成。算法的优劣取决于它们占用的资源,其中时间和空间是最重要的两项资源。这里的时间是指要通过多少步演算才能解决问题,空间则是指解决这个问题需要多少内存。如何尽可能地节省这些资源呢?一种新的理论产生了。

哈特马尼斯①

　　哈特马尼斯,苏联—拉脱维亚计算机科学家。他生于1928年,第二次世界大战期间与家人一起来到德国。从德国马堡大学物理系毕业后,哈特马尼斯进入美国堪萨斯大学攻读数学硕士,1955年又在加州理工学院取得博士学位,并进入康奈尔大学数学系任教。工作了一年多后,他转入通用电气公司设在纽约州斯克内克塔迪的研究实验室,那里新建了一个信息研究部,开展有关计算机和信息学的研究。

　　斯特恩斯,美国计算机科学家。他1958年在卡尔顿学院取得数学学士学位,后进入普林斯顿大学数学系,用了3年时间取得博士学位,其博士论文课题是关于博弈论的。1960年暑假,斯特恩斯到通用电气公司打工,被分配到新成立的信息研究部,在那里遇到了哈特马尼斯。通用电气公司研究人员的素质和才能、信息研究部浓郁自由的学术氛围,以及新的充满机会的学科领域给斯特恩斯留下了十分深刻的印象。一年后,斯特恩斯一拿到博士学位就毫不犹豫地应聘到通用电气公司工作,与哈特马尼斯再度携手。

斯特恩斯①

　　当时,香农的信息论问世不久。香农提出了一个“香农公式”,可以计算在一定的信号和噪声平均功率之下,给定带宽的信道在单位时间内的最大信息传输量。

学过物理的哈特马尼斯受此启发,敏锐地想到:抽象的计算过程也应该有精确的定量法则,以确定为了对每一个问题求得解答,需要多少计算工作量。围绕这一设想,哈特马尼斯和斯特恩斯合作,开展了深入的研究。

在进行研究的最初几年,信息研究部并无计算机可用,他们只能完全依靠严密的理论分析提出一系列问题,并给出科学的解释。直到1964年,实验室才配置了一台GE 300计算机,斯特恩斯开始用BASIC语言编程,并通过电传打字机接口使用计算机。

香农ⓢ

1964年11月,在普林斯顿举行的第五届开关电路理论和逻辑设计学术年会上,哈特马尼斯和斯特恩斯发表了论文《递归序列的计算复杂性》,首次使用了"计算复杂性"这一术语,并比较完整地提出了计算复杂性的理论体系。1965年5月,《美国数学会汇刊》又发表了他俩的论文《论算法的计算复杂性》,提出用图灵机作为研究计算复杂性的数学模型。由此,计算机科学中的一个新领域——计算复杂性理论诞生了。

所谓"计算复杂性",就是用计算机求解问题的难易程度。其度量标准一是计算所需的步数或指令条数(时间复杂度),二是计算所需的存储单元数量(空间复杂度)。将计算问题按计算复杂性分成不同的类,可以确定当前算法的难度,以及可能的前进方向。

当问题规模为$n$时,常见的时间复杂度按照数量级递增排列依次为:常数阶$O(1)$、对数阶$O(\ln n)$、线性阶$O(n)$、线性对数阶$O(n\ln n)$、平方阶

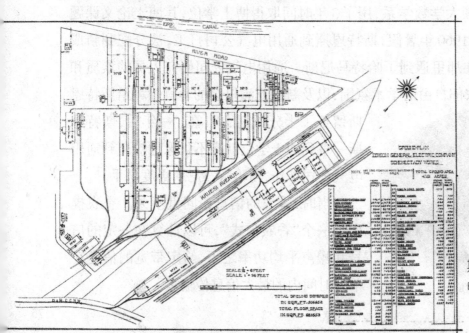

斯克内克塔迪的通用电气公司平面图ⓦ

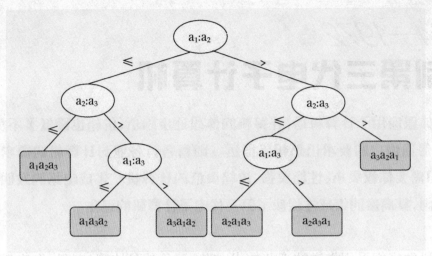

复杂性为线性对数阶的三元素排序问题算法⑤

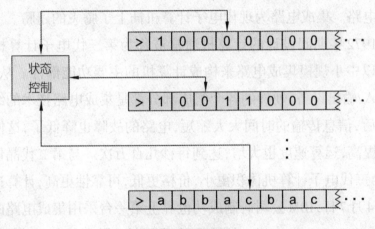

多带图灵机⑤

$O(n^2)$、立方阶$O(n^3)$……$k$次方阶$O(n^k)$、指数阶$O(2^n)$。时间复杂度越小,说明该算法效率越高,越有价值。显然,时间复杂度为指数阶$O(2^n)$的算法效率极低,当$n$值稍大时就无法应用。如果一个算法的时间复杂度为$2^n$,当$n=100$时,在运算速度为每秒$10^{12}$的情况下,该程序将会运行$4×10^{10}$年。

一个算法的空间复杂度是该算法所耗费的存储空间,它也是问题规模$n$的函数。一般来说,空间复杂度越小,算法越好。算法的时间复杂度和空间复杂度合称为算法的复杂度。

哈特马尼斯和斯特恩斯被公认为计算复杂性理论的主要创始人,他们还在此基础上提出了多带图灵机的概念。多带图灵机是图灵机的一种扩展,它可以有多条纸带,每条纸带上都有一个读写头。因奠定了计算复杂性理论基础,哈特马尼斯和斯特恩斯共同获得1993年度图灵奖。

# 1964—1972年
# 研制第三代电子计算机

晶体管应用于计算机后,计算机的体积逐步缩小,价格也降低了不少,但离普及到普通用户的要求仍然相差很远。随着各行各业对计算机的需求迅速膨胀,人们需要体积更小、性能更强、价格更低的计算机。集成电路的发明恰如一场及时雨,其高度的集成性促使了第三代电子计算机的诞生。

当科学家们采用先进的工艺技术,把微型化的晶体管、电阻、电容等元件集中组成电路,再把许许多多这样的电路集中在一块相当小的半导体硅片上时,就产生了集成电路。集成电路为现代电子计算机插上了腾飞的翅膀。

1964—1972年期间设计的计算机通常被称为第三代电子计算机。第三代电子计算机以中小规模集成电路来构成计算机的主要功能部件。从微处理器、存储器到输入/输出设备,硬件的各个组成部分都是集成电路技术的结晶。采用了集成电路后,信息传输的时间大大缩短,电路的故障也降低了,这使计算机的可靠性显著提高,运算速度也大增,达到每秒几百万次。与第二代晶体管电子计算机相比,第三代电子计算机体积更小,价格更低,可靠性更高,计算速度更快。

1964年4月7日,IBM公司研制成功世界上第一台采用集成电路的通用计算机 IBM System/360。System/360有很强的通用性,所有的机型都共用代号为OS/360的操作系统。让单一操作系统适用于整个系列的产品是System/360成功

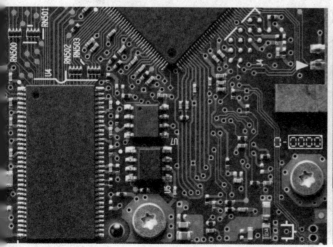

集成电路Ⓨ

IBM System/360Ⓘ

计算机科学的足迹

的关键。

1971年，美国伊利诺伊大学设计完成 Illiac Ⅵ 巨型计算机。巨型计算机是一种超大型电子计算机，具有很强的计算和处理数据的能力，主要特点表现为高速度和大容量，配有多种外部和外围设备及丰富的、高功能的软件系统。Illiac Ⅵ 是一台阵列处理机，也称并行处理机。Illiac Ⅵ 采用了64个处理单元和64个局部存储器，将它们按一定方式互连成阵列，在单一控制部件——阵列控制器的控制下，对各自所分配的不同数据并行执行同一组指令规定的操作。

第三代电子计算机的另一个特点是小型计算机的应用。1965年3月，美国 DEC 公司推出了世界上第一台真正意义的小型计算机 PDP-8。PDP 是 Programmed Data Processor（程序数据处理机）的首字母缩写。早期的计算机只有一些资金雄厚的公司和机构才能用得起，因为那些计算机都是庞然大物，功能强大而复杂。小型计算机的规模介于大型计算机和个人计算机之间，它是一种多用户、终端/主机模式的计算机，价格较低，便于维护和使用。

1970年，DEC 公司又推出了第一款16位小型计算机 PDP-11。PDP-11有着许多创新的特色，而且比其前代机种更容易撰写程序。PDP-11/03（LSI-11）是第一个使用大规模集成电路技术制造的 PDP-11 机型，整个处理器包含了四个大规模集成电路芯片。PDP-11 的高度正规化指令集设计，使得程序员可以容易地记住所有的运算码及指定运算

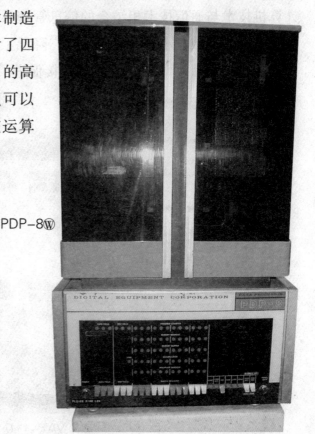

PDP-8 Ⓦ

Illiac Ⅵ Ⓞ

79

PDP-11①

符的方法。PDP-11所使用的指令集结构深受程序员的喜爱，也影响了后来C语言的语法。PDP-11被美国工业协会评为"1970年代最具影响力的技术产品"，它也让DEC公司成为了小型计算机的领头羊。

在16位PDP-11计算机的基础上，DEC公司又开发了一款应用虚拟内存管理地址空间的VAX-11计算机，而VAX就是Virtual Address eXtension（虚拟地址扩展）的简称。早期的VAX处理器可以同时兼容PDP-11的指令，之后的版本去掉了PDP-11的兼容模式。第一款商业型VAX-11/780计算机于1977年10月25日在DEC公司周年股东大会上面世。之后，很多不同款式、价格、性能及运算能力的版本相继推出。

这一时期的计算机功能越来越强，且应用范围越来越广。它们不仅用于科学计算，还用于数据处理、文字处理、企业管理、自动控制等领域。同一时期出现的计算机技术与通信技术相结合的信息管理系统，则可用于生产管理、交通管理、情报检索等领域。小型计算机的推广降低了计算机产品的使用成本，使得更多的人获得了接触计算机的机会，并直接促进了个人计算机的发展。

VAX-11①

# 1964—1973年
# 中国研制大型数字计算机

　　1956年,周恩来总理提议制订中国《十二年科学技术发展规划》,选定"计算机、电子学、半导体、自动化"为该规划的四项紧急措施,并制订了计算机科研、生产、教育发展计划,中国计算机事业由此起步。由于政治、经济因素的限制,最先进的计算机技术无法引入中国。为了赶上国外计算机水平,中国的大型计算机技术必然要走自主研发的道路。

　　一个国家的计算机的性能,直接关系到国家的安全。1958年6月,在苏联专家的帮助下,中国第一台电子计算机——103型通用数字电子计算机由中国科学院计算技术研究所研制成功,运行速度为每秒1500次,内存容量1024B。

　　1964年,中国科学院计算技术研究所吴几康、范新弼领导研制的119型大型数字计算机诞生,这是中国第一台自行研制的电子管大型通用计算机,它标志着一个里程碑式的突破。119机的运算速度为每秒5万次,字长44位,内存容量4KB,操作指令有74种。119机交付使用后,完成了大量重大课题的计算工作,包括原子能、空气动力学方面的三维定常问题,天气预报中的涡度方程计算问题,特殊函数制表,电力工程,石油开发方案,以及水坝应力计算等。在该机上还完成了中国第一颗氢弹研制中的计算任务。

　　1965年6月,中国自行设计的第一台大型晶体管计算机109乙机在中国科学院计算技术研究所诞生,运算速度为每秒10万次,字长32位,内

吴几康S

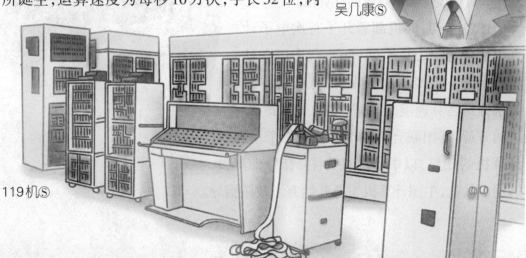

119机S

"两弹一星"ⓒ

存容量8KB。109乙机的研制成功，一方面为国家提供了新的有力计算工具，使计算技术为国防建设、国民经济和科学文化事业更好地服务；另一方面也促进了中国晶体管研制工作的发展，积累了研制晶体管计算机的经验，培养了一批科学技术人才。

为了"两弹一星"工程，1967年，中国科学院计算技术研究所蒋士飞领导研制的109丙机交付使用，这是109乙机的改进版。两台109丙机分别安装在二机部和七机部，分别供核弹研究用和火箭研究用。109丙机的使用时间长达15年，被誉为"功勋计算机"，也是中国第一种具有分时、中断系统和管理程序的计算机，中国第一个自行设计的管理程序就是在这种计算机上面建立的。

为了支持石油勘探事业，1969年，北京大学承接了研制百万次集成电路数字电子计算机的任务。1973年，北京大学与738厂联合研制的150机问世。150机运算速度为每秒100万次，字长48位，内存容量13KB。这是中国第一台自行设计的运算速度达每秒百万次的计算机，也是中国第一台配有多道程序并自行设计操作系统的计算机。

1973年初，四机部召开了首次电子计算机专业会议，总结了1960年代中国在计算机研制中的经验和教训，决定放弃单纯追求提高运算速度的政策，确定了发展系列机的方针，提出联合研制小、中、大三个系列计算机的任务，以中小型机为主，着力普及和运用。从此，中国计算机工业开始有了政策指导。

150机Ⓢ

# 1965年
# 摩尔定律发表

人从呱呱坠地到长大成人，从小脑袋长成大脑袋，除了外形的变化外，随之变化的还有对外界应变能力的提升。那么，对于功能类似人脑的芯片，在其发展历程中是否也有着同样的经历？对芯片发展起至关重要作用的集成电路技术，是否也存在其自有的发展规律？

摩尔①

摩尔，美国计算机科学家。他11岁就对化学产生了兴趣，想要成为一名化学家。1950年获得加州大学伯克利分校化学学士学位后，他继续深造，于1954年获得物理化学博士学位。1956年，他和集成电路的发明者诺依斯一起，投奔"晶体管之父"肖克利，后又一同辞职，与其他6位青年创办了仙童半导体公司。

1959年，仙童半导体公司首先推出了平面型晶体管，1961年又推出了平面型集成电路。这种平面型制造工艺是在研磨得很平的硅片上，采用一种"光刻"技术来形成半导体电路的元器件，如二极管、三极管、电阻和电容等。只要"光刻"的精度不断提高，元器件的密度也会相应提高，这里蕴含着极大的发展潜力。

1965年是《电子学》杂志创办35周年纪念，杂志编辑部邀请仙童半导体公司的研究开发实验室主任摩尔预测未来10年间半导体工业的发展趋势。摩尔根据器件的复杂性和时间之间的关系进行推算，预测到1975年，在面积仅为四分之一平方英寸（约为1.6平方厘米）的单块硅芯片上，将有可能密集65 000个元件。4月19日，摩尔在《电子学》杂志35周年专刊上发表了一篇观察评论报告，题目是："让集成电路填满更多的元件"。摩尔认为，集成电路上可容纳的晶体管数目，每隔12个月左右便会增加一倍，微处理器的性能也会提升一倍；当价格不变时，每一美元能买到的电脑性

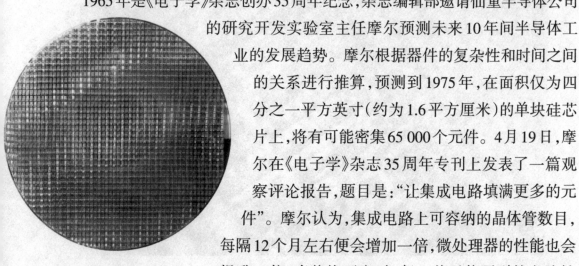

硅片上的集成电路Y

能,将每隔12个月翻两倍以上。这就是"摩尔定律"的最初原型。

摩尔定律预言的趋势一直准确地延续至今,只是在时间上被稍稍修正。现在普遍流行的说法是"每隔18个月"增加一倍,但摩尔本人却否认了这一点。这是怎么回事呢?原来,在1975年,摩尔在电气与电子工程师协会(IEEE)的学术年会上提交了一篇论文,根据当时的实际情况对摩尔定律的时间进行了修正,把"每隔12个月"改为"每隔24个月"。但是后来人们发现,更准确的时间应是两者的平均:"每隔18个月"。因为摩尔定律并非数学、物理定律,而是对发展趋势的一种分析预测,出现一点误差是容许的。于是,"每隔18个月"的版本逐渐成了业界人士的"共识"。不过,摩尔1997年9月接受《科学美国人》杂志采访时声明,他本人从来没有说过"每隔18个月"。

摩尔定律是简单评估半导体技术进展的经验法则。在它诞生以来的40多年中,人们不无惊奇地看到半导体芯片的制造工艺水平以一种令人眩晕的速度提高,而半导体芯片集成度的提高与摩尔定律的预测相当接近。那么,摩尔定律是不是会永远有效呢?

从技术的角度看,随着硅片上线路密度的增加,其复杂性和差错率也将呈指数增长,同时也几乎不可能完成全面而彻底的芯片测试。一旦芯片上线条的宽度达到纳米($10^{-9}$米)数量级时(相当于只有几个分子的大小),材料的物理、化学

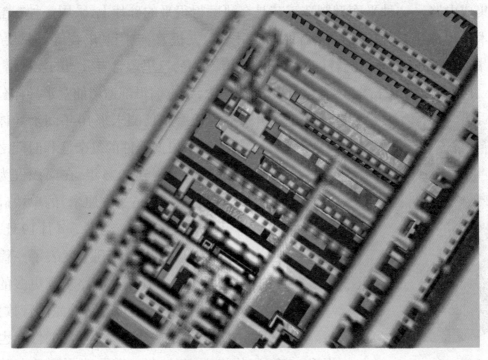

集成电路局部细节①

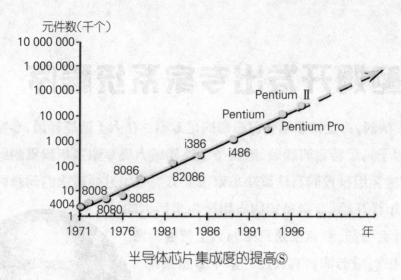

元件数（千个）

半导体芯片集成度的提高⑤

性能将发生质的变化,采用现行工艺的半导体器件不能正常工作,摩尔定律也就要走到尽头。

目前,传统的硅晶体管的大小已经接近物理极限,恐怕难有突破性的发展了。不过,2012年10月28日,美国IBM研究所的科学家宣称,最新研制的碳纳米管芯片仍然符合摩尔定律。

2013年9月25日,美国斯坦福大学的研究人员在《自然》杂志发表论文,宣布在下一代电子器件领域取得突破性进展,他们研制出了世界首款完全基于碳纳米管场效应晶体管的计算机原型。斯坦福大学的碳纳米管计算机芯片包含178个晶体管,其中每个晶体管由10至200个碳纳米管构成。这一成就具有两项关键贡献:首先,实现了碳纳米管电路的制造工艺;其次,验证了碳纳米管计算机的可行性。

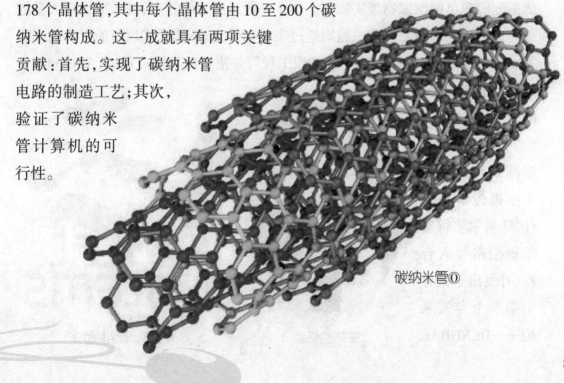

碳纳米管①

# 1965 年
# 费根鲍姆开发出专家系统程序

当你生病时,肯定希望给自己看病的是专家。在人工智能领域,专家系统就是一种适用于某个特定的领域,被赋予了该领域人类专家多年积累的经验和专业知识,并能运用推理的方法解决本来需要人类专家才能解决的问题的知识系统。1960 年代开始,专家系统的应用产生了巨大的经济效益和社会效益,专家系统已成为人工智能领域中最活跃、最有成效的研究领域。医学专家系统能够诊断病人的疾病,判别病情的严重性,并给出相应的处方和治疗建议;地质勘探专家系统能够根据岩石标本及地质勘探数据,对矿产资源进行估计和预测,对矿床分布、储藏量、开采价值等进行推断,制订合理的开采方案……

费根鲍姆,美国计算机科学家。他 1956 年在卡内基理工学院取得硕士学位,1960 年取得博士学位。之后,

费根鲍姆到英国国家物理实验室工作了一段时间,回美国后进入斯坦福大学继续其人工智能的研究。费根鲍姆通过实验和研究,证明了实现智能行为的主要手段在于知识,从而最早倡导了"知识工程",并使知识工程成为人工智能领域中成果最丰富、影响最大的一个分支。

1965 年,费根鲍姆与斯坦福大学遗传学系主任、诺贝尔奖得主莱德伯格等人合作,开发出了世界上第一个专家系统——DENDRAL。

费根鲍姆Ⓦ

莱德伯格Ⓦ

专家系统宣传图Ⓞ

DENDRAL用LISP语言编写，保存了化学家的知识和质谱仪的知识，可以根据给定的有机化合物的分子式和质谱图，从几千种可能的分子结构中挑选出一个正确的分子结构，其分析能力已经接近、甚至超过了相关化学专家的水平。

DENDRAL的成功不仅验证了费根鲍姆"知识工程"理论的正确性，还为专家系统软件的发展和应用开辟了道路，被认为是人工智能研究的一个历史性突破。费根鲍姆领导的研究小组后来又为医学、工程和国防等部门研制成功一系列实用的专家系统。

专家系统的研究目标是模拟人类专家的思维推理过程，其核心是知识库和推理机，工作过程是根据知识库中的知识和用户提供的事实进行推理，不断地由已知的前提推出中间结果，并将中间结果放到数据库中，作为已知的新事实进行推理，直到获得最终结果。面对人工智能学科的迅猛发展，费根鲍姆认为："知识中蕴藏着力量，电子计算机则是这种力量的放大器。而能把人类知识予以放大的机器，也会把一切方面的力量予以放大。"

费根鲍姆和印度—美国计算机科学家雷迪一起被授予1994年度图灵奖，以表彰他们在设计与构建大型人工智能系统方面的先驱性贡献。雷迪主持过Navlab、LIS-TEN、Dante火山探测机器人等大型人工智能系统的开发，费根鲍姆则被称为"专家系统之父"。

早期专家系统平台①

雷迪①

# 1965 年

# 科兹马与凯利提出计算全息技术

你知道日本虚拟歌星"初音未来"吗？与其他歌星不同的是，"初音未来"并不是一个有血有肉的人，而是一个全息影像。"初音未来"是计算全息技术应用于舞台的成功案例，也是世界上第一个使用全息投影技术举办演唱会的虚拟偶像。演唱会中使用的是一种采用了3D全息技术的透明投影屏幕，即使是在环境光线很亮的地方也能显示出明亮、清晰的影像。舞台上的"初音未来"能够像真人一样移动，引得数千歌迷挥舞着荧光棒为他们的偶像呐喊尖叫。那么，什么是计算全息技术呢？

伽柏⑤

1948年，匈牙利—英国物理学家伽柏发明了全息术，并用物理手段在光域中得到了实现。全息术的基本原理是用一个已知的波场来调制、记录、重构、提取另一个未知波场。全息术的发展为三维显示技术特别是动态全息显示技术提供了新的发展空间。伽柏因为这项发明，获得了1971年度诺贝尔物理学奖。

传统的全息图都是用光学方法制作的。由于记录媒质的非线性会造成像的失真，加上制造过程对技术条件有苛刻的要求，光学全息图的质量和重复制作存在不少问题。随着计算机技术的发展，人们开始利用计算机制作一个设想中的物体的全息图——计算全息图。计算全息技术就是结合光学全息技术、数字图像处理技术、空间光调制技术及自动化控制技术而产生的一种立体显示技术。计算全息图的再现与光学全息图的再现相似，也是利用光的衍射

"初音未来"①

理论。再现光被计算全息图调制后,经过一段距离的衍射,在接受面上汇聚,形成逼真的还原像。

计算全息技术最早是由美国密歇根大学的研究工程师科兹马和凯利提出来的。1965年,他们为了检测被噪声淹没的信号,用人工方法制作了一个匹配滤波器,即先用计算机算出所需信号的傅里叶频谱,然后用黑白线条对这个频谱进行编码,放大尺寸后进行绘制,最后以合适的尺寸复制在透明胶片上。这个用计算机合成的"硬限幅匹配滤波器"就是计算全息技术的最早体现。两人为此撰写了论文《检测被噪声淹没信号的空间滤波》。

为了实现动态的全息三维显示,从1980年代开始出现了新的计算全息图的载体,包括各种空间光调制器,如声光调制器和光折变晶体等。再现光入射到

科兹马⑤

这些载体上,经全息图的调制后,出射光就能带有计算全息图的信息,并且这些载体可以实时变换所显示的计算全息图,在接受面上得到动态的再现像。

随着信息时代的到来,计算全息技术迅速发展并得到广泛应用。现在我们看到的全息图像,如产品包装、出版物封面、信用卡、防伪标志等,大多都是计算全息技术的产物。移动全息图像一直是科幻电影中的重要组成部分,如在《星球大战》中,莱娅公主发出的信息被以全息图的形式发送给了天行者卢克。此外,美国盐湖城公司与迪士尼合作打造了能够在空中飘浮的3D全息图像。美国亚利桑那大学研发出远程裸眼3D全息图像系统,能让观众不佩戴3D眼镜就看到3D立体全息影像,该技术曾被用来制作三维图,让外科医生在距离患者数百千米的地方实施手术。

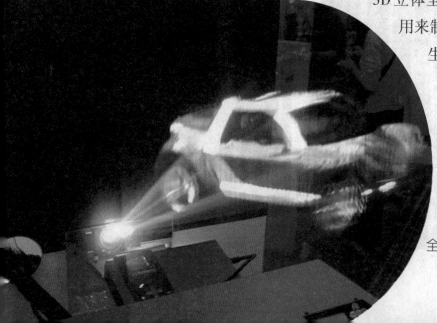

全息图①

# 1966年
# 图灵奖正式设立

　　随着计算机技术的飞速发展，到1960年代，计算机科学已成为一个独立的有影响的学科，信息产业亦逐步形成。但是，这一领域中一直没有一项类似"诺贝尔奖"、"普利策奖"的奖项来促进该学科的进一步发展。1966年，美国计算机协会（ACM）决定设立计算机界的第一个奖项。当时正值第一台得到广泛应用的电子计算机ENIAC诞生20周年，而且图灵那篇奠定了电子计算机理论的论文发表也正好30周年，很自然地，这个奖项被命名为"图灵奖"。图灵奖专门用于奖励那些对计算机科学研究作出卓越贡献及推动了计算机技术发展的杰出科学家。

　　图灵奖是计算机界最负盛名的奖项，有"计算机界的诺贝尔奖"之称。图灵奖对获奖者的要求极高，评奖程序也极严，一般每年只奖励一名计算机科学家，只有极少数年度有两名以上在同一方向上作出贡献的科学家同时获奖。图灵奖设奖初期奖金为2万美元，后逐步增加，目前该奖由Intel公司和Google公司赞助，2014年奖

纽约ACM总部大楼◎

ALAN TURING
1912 - 1954
Founder of computer science
and cryptographer, whose work
was key to breaking the
wartime Enigma codes,
lived and died here.

英国柴郡的图灵故居铭牌◎

金已提升到100万美元。

美国计算机协会每年都会要求提名人推荐本年度的图灵奖候选人，并要求附一份200—500字的文章，说明被推荐者为什么应获此奖。美国计算机协会将组成评选委员会对被推荐者进行严格的评审，并最终确定当年的获奖者。

图灵奖奖杯ⓦ

从1966年到2014年的49届图灵奖，共计62名科学家获此殊荣，其中美国学者最多，此外还有英国、瑞士、荷兰、以色列等国的一些学者。获此殊荣的华裔仅有中国科学院外籍院士姚期智，他获得2000年度图灵奖。

历届图灵奖获奖者名单（截至2012年）

| 年 份 | 姓 名 | 贡献领域 |
|---|---|---|
| 1966年 | 艾伦·佩利 | ALGOL语言，编译器构造 |
| 1967年 | 莫里斯·威尔克斯 | 存储程序式计算机EDSAC，程序库 |
| 1968年 | 理查德·汉明 | 自动编码系统，错误检测和纠错码 |
| 1969年 | 马文·明斯基 | 人工智能，框架理论 |
| 1970年 | 詹姆斯·威尔金森 | 数值分析，线性代数 |
| 1971年 | 约翰·麦卡锡 | 人工智能，LISP语言 |
| 1972年 | 埃德斯加·戴克斯特拉 | ALGOL语言 |
| 1973年 | 查尔斯·巴赫曼 | 数据库技术 |
| 1974年 | 克努特（高德纳） | 算法分析、计算机程序设计艺术 |
| 1975年 | 赫伯特·西蒙<br>艾伦·纽厄尔 | 人工智能符号主义学派 |
| 1976年 | 迈克尔·拉宾<br>达纳·斯科特 | 非确定性自动机 |
| 1977年 | 约翰·巴克斯 | FORTRAN语言，程序设计语言形式化定义 |

| 年　份 | 姓　名 | 贡献领域 |
|---|---|---|
| 1978年 | 罗伯特·弗洛伊德 | 算法,程序逻辑 |
| 1979年 | 肯尼斯·艾弗森 | APL语言 |
| 1980年 | 查尔斯·霍尔 | 程序设计语言的定义与设计 |
| 1981年 | 埃德加·科德 | 数据库系统,关系型数据库 |
| 1982年 | 斯蒂芬·库克 | NP完全性理论 |
| 1983年 | 肯尼思·汤普森<br>丹尼斯·里奇 | UNIX操作系统和C语言 |
| 1984年 | 尼古拉斯·沃斯 | PASCAL语言 |
| 1985年 | 理查德·卡普 | NP完全性理论 |
| 1986年 | 约翰·霍普克洛夫特<br>罗伯特·陶尔扬 | 算法,数据结构的设计与分析 |
| 1987年 | 约翰·科克 | 编译理论,RISC概念 |
| 1988年 | 伊万·萨瑟兰 | 计算机图形学 |
| 1989年 | 威廉·卡亨 | 数值分析,浮点运算 |
| 1990年 | 费尔南多·考巴脱 | 分时系统,CTSS和MULTICS |
| 1991年 | 罗宾·米尔纳 | ML语言 |
| 1992年 | 巴特勒·兰普森 | 个人计算环境 |
| 1993年 | 尤里斯·哈特马尼斯<br>理查德·斯特恩斯 | 计算复杂性理论 |
| 1994年 | 爱德华·费根鲍姆<br>拉吉·雷迪 | 大型人工智能系统 |
| 1995年 | 曼纽尔·布卢姆 | 计算复杂性理论 |
| 1996年 | 阿米尔·伯努利 | 时序逻辑,程序与系统验证 |
| 1997年 | 道格拉斯·恩格尔巴特 | 发明鼠标,互动计算 |

（续表）

| 年　份 | 姓　名 | 贡献领域 |
|---|---|---|
| 1998年 | 詹姆斯·格雷 | 数据库技术，事务处理 |
| 1999年 | 弗雷德里克·布鲁克斯 | 计算机体系结构，操作系统，软件工程 |
| 2000年 | 姚期智 | 计算复杂性理论 |
| 2001年 | 奥尔-约翰·达尔<br>克利斯登·奈加特 | 面向对象编程 |
| 2002年 | 罗纳德·里维斯特<br>阿迪·沙米尔<br>伦纳德·阿德勒曼 | 公钥密码学，RSA加密算法 |
| 2003年 | 艾伦·凯 | 面向对象编程 |
| 2004年 | 文登·瑟夫<br>罗伯特·卡恩 | TCP/IP协议 |
| 2005年 | 彼得·诺尔 | ALGOL语言 |
| 2006年 | 弗朗西丝·艾伦 | 优化编译器 |
| 2007年 | 爱德蒙·克拉克<br>艾伦·爱默生<br>约瑟夫·斯发基斯 | 开发自动化方法检测计算机设计错误 |
| 2008年 | 芭芭拉·利斯科夫 | 编程语言和系统设计的实践与理论 |
| 2009年 | 查尔斯·萨克尔 | 设计、制造第一款现代个人计算机 |
| 2010年 | 莱斯利·瓦伦特 | 计算复杂性理论 |
| 2011年 | 朱迪亚·珀尔 | 人工智能 |
| 2012年 | 沙菲·戈德瓦塞尔<br>西尔维奥·米卡利 | 密码学，计算复杂性理论 |
| 2013年 | 莱斯利·兰波特 | 分布式和并发系统的理论和实践 |
| 2014年 | 迈克尔·斯通布雷克 | 现代数据库系统的基础性概念和实践 |

# 1966年

# 高锟提出用光导纤维作通信介质

　　金属导线带有微弱的电阻,电阻值与导线的截面积和长度有很大关系。距离较远时,电子信号在金属导线的传输中会有不小的损耗。同时,由于电磁辐射的存在,电子信号的传输容易受到干扰,频率带宽都要受限。为了克服以上缺点,人们开始寻找其他途径来传输信号。1960年代,已经有人研究通过气体或玻璃来传送光信号,期望可以达到长距离传送信号的目的,但是都无法克服信号严重衰减的问题。如何才能降低光信号的衰减率呢?

高锟◎

　　高锟,中国—英国物理学家。1944年随父移居香港,入读圣约瑟书院,之后考入香港大学,又远赴英国进修。1957年,高锟取得伦敦大学学院电子工程理学学士学位,后进入美国国际电话电报公司任工程师。1960年,他进入国际电话电报公司设于英国的标准电信实验有限公司,在那里工作了10年,其间于1965年取得伦敦大学学院电机工程哲学博士学位。

　　光信号的衰减程度是以每千米分贝为单位衡量的,每千米10分贝就是输入信号传送1千米后只剩下十分之一。1960年代,最好的玻璃纤维的衰减率仍在每千米1000分贝以上,无论如何也不能用于通信。当时,有很多科学家认为用玻璃纤维进行通信希望渺茫,纷纷放弃了研究。

　　1965年,高锟对各种非导体纤维进行了仔细研究。按他的分析,只要光信号的衰减率能低于每千米20分贝,光束通信便可行。高锟进一步分析了吸收、散射、弯曲等因素,推断被包覆的石英基玻璃有可能满足通信对衰减率的要求。这项关键性的成果,推动了全球各地运用玻璃纤维来进行通信的研发工作。

光导纤维◎

1966年，高锟发表论文《光频率介质纤维表面波导》，描述了长程及高信息量光通信所需绝缘性纤维的结构和材料特性。他在论文中提出了用玻璃纤维代替铜线的设想，即利用玻璃清澈、透明的性质，使用光来长距离传送信号。高锟进一步指出，只要解决好玻璃的纯度和成分等问题，就能够制作出光导纤维（光纤），从而高效地传输信息。这个设想在当时难以被人们接受，但高锟经过理论研究，充分论证了光导纤维的可行性。

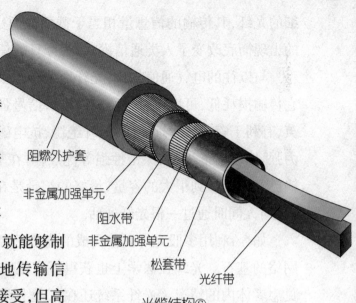

阻燃外护套

非金属加强单元

阻水带

非金属加强单元

松套带

光纤带

光缆结构Ⓢ

为了寻找符合条件的纯度足够高的"没有杂质的玻璃"，高锟费尽了周折。为此，他去过许多玻璃工厂，到过美国贝尔实验室及日本、德国的研究机构，跟人们讨论玻璃的制法。那段时间，他遭到许多人的嘲笑，但他终于用石英玻璃制造出世界上第一根光导纤维，使科学界大为震惊。

光导纤维是20世纪最重要的发明之一，它让光可以像电流那样沿着导线传输。但这种导线不是一般的金属线，而是一种特殊的玻璃纤维。一根头发丝般

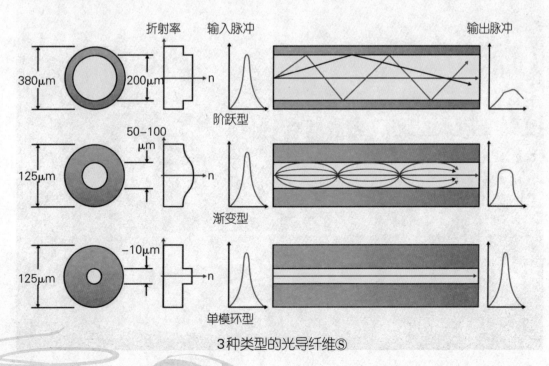

3种类型的光导纤维Ⓢ

细的光纤,其传输的信息量相当于截面像饭桌桌面般宽阔的一条铜"线"。光纤的出现彻底改变了人类通信模式,为今日的信息高速公路奠定了基础。

与以往的电气通信相比,光纤通信有很多优点:它传输频带宽、通信容量大;它传输损耗低,可以在较长距离内维持信号强度;光纤线径细、重量轻,原料为石英,有利于资源的合理使用;光纤绝缘,抗电磁干扰性能强;光纤还具有抗腐蚀能力强、抗辐射能力强、保密性强等优点,可在军事等特殊场合使用。目前的光传输已经可以做到很大的容量,最好的纪录是在一根光纤上通导2亿个话路,即让2亿对人同时通过一根光纤通话。

如今,利用多股光纤制作而成的光缆已经铺遍全球,成为互联网及全球通信网络的基石。光纤在医学上也获得了广泛应用,诸如胃镜等内镜可以让医生看见患者体内的情况。光纤系统还在工业上获得大量应用,在各类生产制造和机械加工领域大显身手。

高锟曾经接受香港《文汇报》的采访,记者问道:"您预计在多长的时间内,光纤会被另一种新工具取代?"高锟的回答充满信心:"我相信在一千年内不会。"但旋即又加了一句:"你最好不要太相信我,正如以往我也不相信专家。"

"光纤之父"高锟与发明了电荷耦合器CCD的美国物理学家博伊尔、史密斯共同获得了2009年度诺贝尔物理学奖。

香港科学园高锟会议中心❶

# *1967* 年

# 大规模集成电路及大规模集成电路计算机问世

大规模集成电路在计算机发展的历程中功不可没。正是集成电路的集成度不断提高，才使得计算机的体积不断减小，而性能却不断增强。

1959年，美国德州仪器公司首先宣布建成世界上第一条集成电路生产线。1962年，出现了第一块集成电路产品。不久，世界范围内掀起了集成电路的研制热潮。1960年代初出现的集成电路产品，每块芯片上的晶体管元件在100个左右，属于小规模集成电路。

大规模集成电路Ⓨ

集成电路出现后，扩大规模成为其最主要的发展方向。集成电路规模的大小通常是用一块芯片上所包含的逻辑门或晶体管的数量来衡量的。小规模集成电路(SSI)含逻辑门电路1—9门（或晶体管元件1—99个）；中规模集成电路(MSI)含逻辑门电路10—99门（或晶体管元件100—999个）；大规模集成电路(LSI)含逻辑门电路100—9999门（或晶体管元件1000—99 999个）；超大规模集成电路(VLSI)含逻辑门电路10 000—999 999门（或晶体管元件100 000—9 999 999个）；甚大规模集成电路(ULSI)含逻辑门电路1 000 000—99 999 999门（或晶体管元件10 000 000—999 999 999个）。

1967年，集成在每块芯片上的晶体管元件数已经超过了1000个，这标志着大规模集成电路阶段的开端。可以在硬币大小的芯片上容纳如此数量的元件，使得计算机的体积和价格不断下降，而功能和可靠性则不断增强。

1967年，美国无线电公司制成了领航用的机载大规模集成单片阵列计算机LIMAC，其逻辑部件采用双极性大规模集成电路，存储器采用MOS大规模集成电路，成为世界上第一台使用大规模集成电路制造的计算机。

集成电路封装生产线Ⓒ

# 1967年
# 弗洛伊德提出用流程图描述程序逻辑

如果有人问你，"先有鸡还是先有蛋？"相信你会左右为难。因为无论你是以鸡为先还是以蛋为先，都不能自圆其说。从这个例子可以看出顺序的重要性。在日常生活中，物品的摆放要有一定的空间顺序，做事情也得按照一定的时间顺序。那么，在计算机的程序设计中，是否也应当遵循特有的顺序？那会是一种什么样的顺序呢？

弗洛伊德⑤

弗洛伊德，美国计算机科学家。他14岁就完成了高中学业，17岁获得芝加哥大学文学学士学位，那时是1953年。1950年代初，美国的经济不太景气，学习文学的弗洛伊德找工作比较困难，无奈之下到美国西屋电气公司当了一名计算机操作员。当时的计算机操作员不需要有专业知识，主要任务就是把程序员编写好的程序在穿孔卡片机上打孔，然后把卡片叠放在读卡机上输入计算机。弗洛伊德很快对计算机产生了兴趣，借了很多相关书籍自学，还到芝加哥大学听有关课程，1958年获得理科学士学位。可以说，弗洛伊德是一位"自学成才的计算机科学家"。

在程序设计方面，计算机科学家非常关心的一个重要问题是如何表达和描述程序的逻辑，如何验证程序的正确性。1963年，麦卡锡提出用递归函数作为程序的模型。这一方法对于一般程序确实是行之有效的，但对于许多以命令方式编写的程序，包括赋值语句、条件语句、用While实现循环的语句等，用递归定义的函数去证明其正确性就很不方便了。

1967年，在美国数学会举行的应用数学讨论会上，弗洛

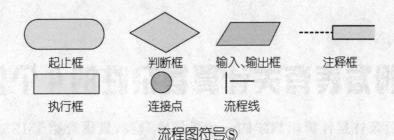

流程图符号Ⓢ

伊德发表了引起轰动并产生深远影响的论文《如何确定程序的意义》,提出了一种基于流程图的表达程序逻辑的方法。其主要特点是,在流程图的每一弧线上放置一个"标记",也就是一个逻辑断言,并且保证当程序执行经过这条弧线时该断言一定成立。

在程序逻辑研究的历史上,弗洛伊德的论文是继麦卡锡提出的方法之后最重大的一个进展。弗洛伊德的主要贡献在于解决了基于这种标记的形式系统的细节,证明了这种系统的完备性,解决了如何证明程序终结的问题。弗洛伊德还引入了验证条件的概念,包括流程图的组成部分及其入口和出口处的标记。弗洛伊德提出的方法被称为"归纳断言法",在流程图每个断点处所加的标记就是归纳断言,它说明程序执行到此处时各个变量之间的关系。

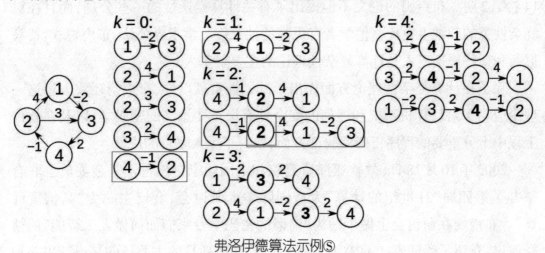

弗洛伊德算法示例Ⓢ

弗洛伊德的另一个主要贡献是在算法方面。1962年,他发明了弗洛伊德算法,用于求任意两点间的最短路径,可以正确处理有向图或负权的最短路径问题,以及计算有向图的传递闭包。这是弗洛伊德利用动态规划原理设计的一个高效算法。1964年,他和威廉姆斯一起发明了堆排序算法 HEAPSORT,成为与英国计算机科学家霍尔发明的 QUICKSORT 齐名的高效排序算法。弗洛伊德由于提出设计高效可靠软件的方法,获得1978年度图灵奖。

# *1967* 年
# 布卢姆发表有关计算复杂性的4个公理

计算复杂性是计算机科学的一个基础性分支，其研究始于1950年代末。当时在美国有两个研究计算复杂性的中心，一个是通用电气公司设立于纽约州斯克内克塔迪的研究实验室，核心人物是1993年获得图灵奖的哈特马尼斯和斯特恩斯；另一个是麻省理工学院的媒体实验室，核心人物是委内瑞拉—美国计算机科学家布卢姆。

布卢姆与哈特马尼斯和斯特恩斯互相独立地进行着相关问题的研究，他的博士论文题为《与机器无关的递归函数复杂性理论》。他在论文中提出了有关计算复杂性的4个公理，被称为布卢姆公理系统。该论文的详细摘要在1967年发表于《美国计算机协会会刊》第

布卢姆Ⓢ

14卷第2期。布卢姆的论文不但提出了有关计算复杂性的一些公理，而且在对复杂性类的归纳上也比其他学者有更高的抽象度。学术界公认，布卢姆、哈特马尼斯和斯特恩斯三人是计算复杂性理论的主要奠基人。

除了在计算复杂性理论方面作出了开创性贡献以外，布卢姆还致力将这一理论应用于对计算机系统和通信的安全性有极重要意义的密码学，以及在软件工程中十分重要的程序正确性验证方面，取得了令人瞩目的成就。

2002年10月18日，微软亚洲研究院和中国国家自然科学基金委员会联合举办了第四届"21世纪的计算"大型国际学术研讨会，会议主题为"高信度计算"。布卢姆在研讨会上做了题为"慵懒的密码学专家们如何做人工智能"的精彩演讲，介绍了验证码（CAPTCHA）项目。验证码项目的主要目的是设计出一种程序，以生成某种数字、字符或汉字图片，并加入干扰因素，仅仅满足用户肉眼识别图片，防止光学字符识别，确保当前用户是人类而不是计算机系统。

布卢姆因奠定了计算复杂性理论的基础，以及在密码学和程序校验方面的突出贡献，获得1995年度图灵奖。

验证码Ⓦ

# 1967—1968年
# 沃斯开发 PASCAL 语言

如果说有一个人因为一句话而得到了图灵奖，那么这个人应该就是瑞士计算机科学家沃斯，这句话就是他提出的著名公式"数据结构＋算法＝程序"。这同时也是沃斯的一本专著的书名。这个公式对计算机科学的影响程度足以与物理学中爱因斯坦的 $E=mc^2$ 匹敌。

沃斯①

沃斯1958年从瑞士苏黎世工学院毕业，1960年在加拿大莱维大学取得硕士学位，1963年在美国加州大学伯克利分校取得博士学位。沃斯在撰写博士论文时，发现了 ALGOL 60 报告中的一些缺陷和不足，决定对它作进一步改进，由此诞生了他设计的第一个语言——Euler。

拿到博士学位后，沃斯直接被斯坦福大学聘到刚成立的计算机科学系工作。在那里，他成功开发出 ALGOL 语言的扩充方案 ALGOL W 和应用广泛的辅助工具 PL 360，奠定了他世界级程序设计大师的地位。1967年，成名后的沃斯回到祖国瑞士，先在苏黎世大学任职，第二年回到母校苏黎世工学院。在那里，沃斯创建了 PASCAL 语言，还建造了瑞士的第一台个人计算机。

PASCAL 语言可以方便地描述各种算法与数据结构，有益于培养良好的程序设计风格和习惯。在大学中，PASCAL 语言常常被用作学习数据结构与算法的教学语言。沃斯开发 PASCAL 语言的初衷就是为了有一个适合于教学的语言，并没有想到商业应用。由于 PASCAL 语言简洁明了，有丰富的数据结构、完备的数据类型，而且特别适合于由微处理器组成的计算机系统，一经推出就大受欢迎，在 C 语言问世以前成为

沃斯建造的瑞士首套图形用户界面计算机①

最受欢迎的语言之一,创下了发行拷贝数的世界纪录。现代编程语言中常用的数据结构和控制结构绝大多数是由PASCAL语言奠定基础的,这种语言在编程语言的发展史上具有承上启下的里程碑意义。PASCAL语言有着极强的生命力,甚至在苹果公司的App Store中都能找到它。

1971年,沃斯基于其开发程序设计语言和编程的实践经验,在4月份的《美国计算机协会通讯》上发表了论文《通过逐步求精方式开发程序》,首次提出了"结构化程序设计"的概念。这一概念的要点是:不要求一步就编制成可执行的程序,而是分若干步进行,逐步求精。第一步编出的程序抽象度最高,第二步编出的程序抽象度有所降低,最后一步编出的程序即为可执行的程序。用这种方法编程有很多优点,可使程序易读、易写、易调试、易维护,而且易验证正确性。结构化程序设计方法在程序设计领域引发了一场革命,成为程序开发的一个标准方法,尤其在软件工程中获得了广泛应用。

沃斯由于开发了PASCAL等影响深远的编程语言,并提出结构化程序设计这一革命性概念,获得1984年度图灵奖。他本人被誉为"PASCAL之父"及"结构化程序设计的首创者"。

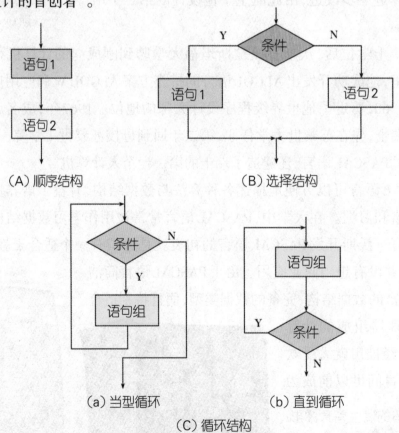

(A) 顺序结构　　　　　　　　　(B) 选择结构

(a) 当型循环　　　(b) 直到循环

(C) 循环结构

3种基本的程序结构⑤

# 1968年
# 诺依斯与摩尔创办 Intel 公司

　　Intel 公司是全球最大的半导体芯片制造商，成立于 1968 年。1971 年，Intel 公司推出了全球第一块微处理器芯片，它所带来的计算机和互联网革命改变了整个世界。Intel 公司生产的处理器不断地提高计算机的性能，使信息技术更加发达。如此有影响力的公司是怎样诞生的？其创始人诺依斯和摩尔又经历了怎样的坎坷？

　　1957 年，诺依斯带领"八叛逆"离开肖克利实验室，创办了仙童半导体公司。1958 年 1 月，"蓝色巨人"IBM 公司给了他们第一张订单，订购 100 个硅晶体管，用于 IBM 公司的计算机存储器。在诺依斯的精心经营下，仙童半导体公司的业务迅速发展，一举成为硅谷成长最快的公司。

　　硅谷是美国加利福尼亚州旧金山湾南部的一段几十千米长、几千米宽的峡谷。那里并不生产硅，但却是最早研究和生产以硅为基础的半导体芯片的地方，也是大量使用硅的半导体公司云集的地方。硅谷是当今电子工业和计算机业的王国，择址硅谷的计算机公司已经发展到大约 1500 家。尽管世界各国的高新技术区都在不断发展壮大，但硅谷仍然是高科技创新和发展的开创者。

制造集成电路的关键材料——单晶硅①

硅谷①

集成电路发明后,仙童半导体公司取得了进一步的发展和成功。1960年代,仙童半导体公司进入了它的黄金时期,大批精英纷纷加入,其中就包括1963年接受摩尔的邀请加入公司的匈牙利—美国工程师葛洛夫。到1967年,仙童半导体公司的营业额已接近2亿美元,这在当时犹如天文数字。可以说,进入仙童公司,就等于跨进了硅谷半导体工业的大门。然而,也就是在这一时期,公司内部开始孕育危机:仙童半导

诺依斯(右)与摩尔(左)在Intel公司①

体公司的母公司仙童摄影器材公司不断把利润转移到其他公司。目睹了母公司的不公平后,当年跟随诺依斯组建仙童半导体公司的部分研究人员先后离开,独立创办自己的新公司。

1968年,仙童半导体公司的两位共同创办人诺依斯和摩尔也脱离公司自立门户,并于同年7月18日创办了一家新公司。新公司刚创立时,摩尔与诺依斯想要将新公司命名为"摩尔·诺依斯"(Moore Noyce)。不过这个名称读起来很像是"more noise"(更多噪声),不太适合用于电子公司。最后,两人决定以"集成电子"(Integrated Electronics)的前缀缩写Intel(英特尔)作为新公司名称。不久,葛洛夫自愿跟随摩尔的脚步,成为Intel公司第三名成员。

刚创立的时候,Intel公司的主要产品是SRAM芯片。1971年,Intel公司制造出第一个微处理器4004,1978年又推出著名的16位处理器8086。当时,IBM公司虽然有自己设计的性能更高的中央处理器,但Intel

Intel公司创始人摩尔(右)、诺依斯(左)与葛洛夫(中)①

Intel公司总部①

公司的产品价格更低廉。为了快速推出个人计算机,IBM公司直接订购使用了8086,结果让Intel公司一举成名。1982年,Intel公司推出80286处理器,用在了IBM PC/XT上。之后,众多IBM PC的兼容机厂商在世界各地冒了出来,所有兼容机使用的处理器都是Intel公司的,这让Intel公司迅速崛起。

1993年,Pentium处理器的诞生让Intel公司甩掉了只能做低性能处理器的帽子。随着个人计算机的普及,Intel公司逐渐成为世界上最大的设计和生产半导体芯片的科技巨擘。40多年来,Intel公司始终按照其创始人摩尔所预言的惊人高速,为全世界的个人计算机安上一颗颗奔腾的"芯"。

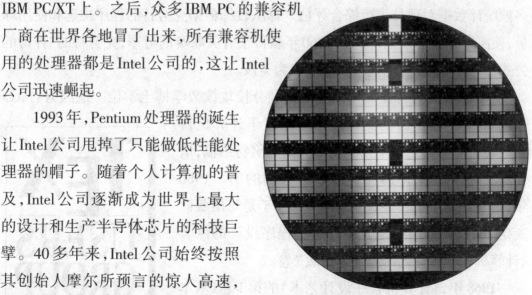

在单晶硅薄片上刻出电路与元件,再切割封装成芯片⑨

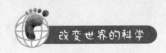

# 1968—1973 年
# 克努特《计算机程序设计艺术》出版

自计算机普及以来,诞生了许多重要的思想和理论。有些理论相互之间看起来相去甚远,但它们的思想却往往有暗合之处。在计算机科学界,有一部洋洋数百万言的经典巨著,包含了计算机软件几乎所有的重要理论,被翻译为几十种文字在世界各地出版,发行量创造了计算机类图书的最高纪录。这部巨著至今仍未全部完成,但它的地位与作用已经堪比数学史上欧几里得的《几何原本》,甚至被人们奉为算法设计的"圣经"。

克努特①

克努特,美国计算机科学家。他1956年以各科平均97.5分的创纪录高分从密尔沃基路德教会高级中学毕业,进入俄亥俄州克利夫兰的凯斯理工学院攻读物理学。大学一年级的暑假,克努特在学校打工,接触到IBM 650计算机,并开发了他的第一个计算机应用程序。他为校篮球队设计了一个程序,可根据球员在每场比赛中的得分、助攻、抢断、篮板球、盖帽等多项统计数据对球员进行综合评估。球队教练根据克努特的程序挑选和使用球员,使凯斯理工学院篮球队在1960年赢得了有关联赛的冠军,克努特的"神奇的公式和程序"也被当地报纸和广播传为美谈。

1962年,克努特在加州大学伯克利分校攻读数学博士学位。他因为对AL-GOL 60编译器提出的测试程序而闻名于计算机行业。著名的艾迪生—韦斯利出版社向克努特约稿,请他写一本关于编译器和程序设计方面的书。1966年,他写好的手稿已经长达3000多页,于是与出版商商定,编撰一部系统地介绍计算机程序设计的巨著《计算机程序设计艺术》,计划出版7卷。

1968年,《计算机程序设计艺术》的第1卷《基本算法》正式出版。1969年,第2卷《半数值算法》正式出版。1973年,这部书出到了第3卷《排序与查找》。

TeX系统社区组织标识①

该书对计算机领域产生了深远的影响,《美国科学家》杂志曾将该书与《相对论》、《量子力学》、《量子电动力学》等一起列为20世纪最重要的12本科学专著。克努特由于经典巨著《计算机程序设计艺术》,以及在算法分析和编程语言设计中的贡献,36岁就获得1974年度图灵奖,成为该奖历史上最年轻的得主。

前3卷书出版以后,克努特根据自己校对清样时的感受,决心对排版技术进行改造,因此暂时中断了写作。克努特花费了整整9年的时间和精力,创造了两个重要的成果:字体设计系统METAFONT,以及排版系统TeX。这两个软件为克努特赢得了1986年度软件系统奖。克努特把这两个软件作为自由软件无偿提供给用户。他说:"我不需要为我出于热爱而做的事情保留专卖权。"

TeX的功能十分强大,几近无懈可击。克努特为此设置了悬赏奖金:谁找出TeX里的一个bug,就付给他2.56美元,找出第二个5.12美元,第三个10.24美元……依此不断翻倍。克努特的另一悬赏是:谁发现其著作中的错误,即可得奖,数额依旧是从2.56美元起。按照克努特的解释,256美分刚好是十六进制的1美元。寥寥几位获奖者都将有他签名的支票当作文物珍藏,并未打算去银行兑现。

1977年,克努特准备携夫人及儿女访问中国大陆,姚期智的夫人储枫教授为他起了个中文名字高德纳,还顺带给他的孩子也分别起名"高小强"、"高小珍"。

克努特的签名支票⑩

歇笔10年后,克努特重新开始写作。2008年,在《计算机程序设计艺术》第1卷出版40年之后,第4卷《组合算法》终于面世了。

7卷书的总目录如下。

# 1969 年
# ARPANet 问世

1960 年代初，古巴导弹危机爆发，美国和苏联之间的冷战状态随之升温，核毁灭的威胁成了人们日常讨论的话题。在美国对古巴进行封锁的同时，越南战争也爆发了，公众的恐惧心理引发了"实验室冷战"。人们认为，能否保持科学技术上的领先地位，将决定战争的胜负。而科学技术的进步依赖于计算机领域的发展。

罗伯茨⑤

冷战时期，美国国防部认为，如果仅有一个集中的军事指挥中心，万一这个中心被苏联的核武器摧毁，美国军队将处于瘫痪状态，其后果不堪设想。因此，有必要设计一个分散的指挥系统，它由一个个分散的指挥点组成，当部分指挥点被摧毁后，其他指挥点仍能正常工作，而这些分散的指挥点又能通过某种形式的通信网络取得联系。于是，将计算机中心互联以共享数据的思想得到了迅速发展。

1960 年代初，美国国防部高级研究计划署（ARPA）开始进行计算机联网的研究开发工作。ARPA 的核心机构之一是信息处理技术处，主要关注计算机图形、网络通信、超级计算机等研究课题。1966 年，泰勒担任 ARPA 署长，在他的邀请下，1967 年，麻省理工学院的计算机科学家罗伯茨出任信息处理技术处处长。罗伯茨 1963 年获得麻省理工学院电气工程博士学位，随后留在母校林肯实验室工作。来到 ARPA 后，罗伯茨成功地将 3 台计算机连接起来，组成了实验网。但实验网中的 3 台计算机是通过低速拨号电话线连接的，效率很低。

1968 年，罗伯茨提交研究报告《资源共享的计算机网络》，提出将 ARPA 的计算机互相连接，从而让大家分享彼此的研究

ARPANet操作界面Ⓦ

成果。根据这份报告组建的美国国防部高级研究计划署网就是著名的ARPANet，罗伯茨也就成了"ARPANet之父"。

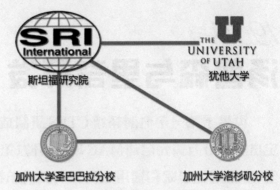
首批联网的4个节点⑤

罗伯茨注意到当时新发展起来的分组交换技术，提出利用分组交换技术建造ARPANet的初步设想。ARPANet的指导思想是：网络必须经受得住故障的考验。一旦发生战争，当网络的某一部分因遭受攻击而失去工作能力时，网络的其他部分应能维持正常的工作。随着计划的不断改进和完善，罗伯茨在描图纸上陆续绘制了数以百计的网络连接设计图，使ARPANet的结构日益成熟。

ARPANet首批实现联网的只有4个节点，即加州大学洛杉矶分校、加州大学圣巴巴拉分校、斯坦福研究院和犹他大学的4台大型计算机。选择这4个节点的因素之一是考虑到不同类型主机联网的兼容性。1969年9月，联网工作紧张展开，至12月，4个节点的计算机网络正式连通。以现在的水平论，这个最早的网络显得非常原始，传输速度也慢得让人难以接受。但是，ARPANet的4个节点及其连接，已经具备了网络的基本形态和功能，它的诞生通常被认为是计算机网络的"创世记"。

对ARPANet发展具有重要意义的是，它利用了无限分组交换网与卫星通信网，通过专门的接口信号处理机（IMP）和专门的通信线路，把几个不同地点的计算机主机连接了起来。ARPANet创始人团队因此被称为"IMP兄弟"。ARPANet采用分组交换机制传输信息，较好地解决了异种机网络互联的一系列理论和技术问题。

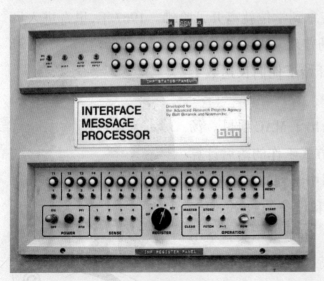
接口信号处理机①

# 1969年
# 汤普森与里奇开发UNIX操作系统

世界上第一个分时系统CTSS研制成功后,美国国防部高级研究计划署决定出资300万美元启动MAC项目,开发第二代分时系统MULTICS。贝尔实验室、麻省理工学院和通用电气公司共同承担了这项研制任务。由于设计过于复杂、迟迟拿不出成果且开发费用太大,贝尔实验室半途退出了这个项目。没想到就在同一年,MULTICS竟然在考巴脱等人的努力下研制成功了。参与该项目的两名贝尔实验室成员深感沮丧,决定自己悄悄地干。

汤普森①

汤普森,美国计算机科学家。他自幼爱好无线电,1965年取得加州大学伯克利分校电气工程学士学位,1966年取得硕士学位,毕业后加盟贝尔实验室。求学期间,汤普森参加了通用动力学公司在伯克利实行的半工半读计划,在一个计算中心当程序员,这让他既懂得硬件知识,也熟悉软件设计。

里奇,美国计算机科学家。他比汤普森年长2岁,1963年取得哈佛大学物理学学士学位,之后转到应用数学系攻读博士,但没有拿到学位就离开了哈佛。1967年,里奇进入贝尔实验室,遇到了比他早到的汤普森。两人很快被一起派去参加MAC项目,从此开始了他们长达数十年的合作。

1969年2月,贝尔实验室退出了MAC项目。汤普森和里奇面对仍然以批处理方式工作的落后计算机环境,决心以他们在MAC项目中学到的多用户、多任务技术来提高程序员的效率和设备的效率,便于人机交互和程序员之间的交互。但是贝尔实验室不可能给他们提供资金和设备支持。当年8月,汤普森在一个储藏室里发现了一台闲置的PDP-7计算机,

里奇①

两人就在这台破机器上开始了研发。汤普森以每周一个程序的速度编写了操作系统、命令解释程序、编译器和汇编程序。他们的同事开玩笑地称这个操作系统为 Uniplexed Information and Computing Servies（单一信息和计算服务），英文缩写为 UNICS。后来，大家取其谐音，就称它为 UNIX了。1971年夏天，汤普森以开发

汤普森（左）和里奇（右）在 PDP-11 上调试程序①

处理专利申请书的字处理系统的名义申请到了一台崭新的 PDP-11 计算机，这让他们的研发工作加快了步伐。到1971年底，UNIX 基本成形。

UNIX 由许多小程序组成，每个小程序只能完成一个功能，任何复杂的操作都必须分解成一些基本步骤，再组合起来得到最终结果。由于小程序可以像积木一样自由组合，所以 UNIX 能够轻易完成大量意想不到的任务。最初的 UNIX 是用汇编语言编写的。1973年，汤普森和里奇用他们发明的 C 语言重写了 UNIX。1974年，两人合作在《美国计算机协会通讯》杂志上发表了一篇关于 UNIX 的文章。此后，UNIX 被政府机关、研究机构、企业和大学关注，并逐渐流行开来。1975年，第6版 UNIX 开始走出贝尔实验室。

UNIX 具有技术成熟、结构简练、可靠性高、可移植性好、可操作性强、网络和数据库功能强、伸缩性突出和开放性好等特点，可满足各行各业的实际需要，特别是能满足企业重要业务的需要，所以很快成为主要的工作站平台和重要的企业操作平台。

UNIX 操作系统设计理念先进，当前许多流行的技术和方法如微内核技术、进程通信方法、TCP/IP 协议、客户机/服务器模式等，都源自 UNIX。UNIX 几乎对近几十年来的所有操作系统都产生了影响，且因为其安全可靠、高效强大的特点，在服务器领域得到了广泛的应用。UNIX 的商标权由国际开放标准组织所拥有。

UNIX 商标①

# 1969年

# 霍尔逻辑提出

程序设计需要严谨的逻辑,如果在程序设计时方向不明确,你就会被潮水般的代码所淹没。1967年,弗洛伊德提出了一种基于流程图的表达程序逻辑的方法。要想把这种方法真正应用于程序设计,还需要有一种公理化的定义方法,就是用一组规则来描述编程语言的性质,从而使语言与具体实现的机器无关,而且也易于证明程序的正确性。

霍尔①

霍尔,英国计算机科学家。他1956年毕业于牛津大学莫顿学院。在英国皇家海军服役两年后,他到苏联莫斯科国立大学留学,跟随建立了概率论公理化体系的科尔莫戈罗夫学习数学,并研究机器翻译。1960年取得博士学位后,霍尔进入伦敦艾略特兄弟公司,为公司生产的计算机编写程序,并于当年发布了快速排序算法QUICK-SORT,这是当前世界上使用最广泛的算法之一。

1968年,由于更偏爱学术和理论研究,霍尔离开了艾略特兄弟公司,成为爱尔兰贝尔法斯特女王大学教授,1977年又回到牛津大学担任教授。1970年,霍尔参加了一个由首创结构化程序设计的荷兰数学家戴克斯特拉举办的ALGOL 60培训班,回公司后开发出了第一个商用ALGOL 60编译器。

1983年,美国计算机协会评选出最近四分之一个世纪中发表在《美国计算机协会通讯》上的有里程碑意义的25篇经典论文,一人有两篇论文入选的学者只有两位,霍尔就是其中之一(另一位是戴克斯特拉)。霍尔入选的两篇论文如下。

1969年10月,霍尔发表了论文《计算机程序设计的公理基础》,提出了霍尔逻辑,即程序设计

科尔莫戈罗夫①

语言的公理化定义方法,为使用严格的数理逻辑推理计算机程序的正确性提供了一组逻辑规则。这是继1963年麦卡锡提出用递归函数定义程序,以及1967年弗洛伊德提出用流程图描述程序逻辑之后,程序逻辑研究中所取得的又一个重大技术进展。

霍尔撰写的CSP著作①

霍尔1978年8月发表的论文《通信顺序进程》奠定了面向分布式系统的程序设计语言CSP的基础。这是霍尔深入研究了运行在不同机器上的若干个程序之间如何互相通信、互相交换数据的问题后开发的语言。在CSP语言中,一个并发系统由若干并行运行的顺序进程组成,每个进程不能对其他进程的变量赋值。CSP后来成为著名并行处理语言OCCAM的基础。

1980年代中期,霍尔又和布鲁克斯等人合作,提出了"CSP理论",即TCSP,它是一个代数演算系统,其基本成分是事件(或动作),进程由事件和一组算子构造而成。TCSP采用了霍尔创造的"失败语义",可以对语义上的等价关系进行推导。霍尔的工作开创了用代数方法研究通信并发系统的先河,形成了"进程代数"这一新的研究领域。

霍尔在2006年FLoC学术会议上①

霍尔由于程序设计语言的定义与设计,包括霍尔逻辑、快速排序算法和CSP,获得1980年度图灵奖。2000年,霍尔因其在计算机科学与教育上作出的贡献被英国皇室封为爵士。

# 1970 年

# Intel 公司推出 DRAM 芯片

在计算机结构中,存储器是一个很重要的组成部分。存储器的种类很多,按用途可分为主存储器(内存)和辅助存储器(外存)。通常我们把要永久保存的大量数据存储在外存上,而把一些临时调用的少量数据和程序放在内存上。内存是中央处理器能直接寻址的存储空间,计算机中所有的程序都是在内存中运行的,内存的性能对计算机的影响非常大。

磁芯内存①

在计算机诞生初期,内存以磁芯的形式排列在线路上,每个磁芯与晶体管组成的一个双稳态电路作为 1KB 的存储器。后来,出现了焊接在主板上的集成内存芯片,为计算机的运算提供直接支持。早期的内存芯片容量特别小,但对于那时的运算任务来说却已经绰绰有余了。

内存一般由半导体器件制成,包括随机存储器(RAM)、只读存储器(ROM)及高速缓存(cache)。在所有存储设备中,RAM 的读写速度是最快的。按照存储信息的不同,RAM 又分为 SRAM(静态随机存储器)和 DRAM(动态随机存储器)。

Intel 公司刚成立时,主要的产品就是 SRAM。1969 年推出的肖特基双极内存 3101 是一个 64 位的高速 SRAM,也是公司第一个成功的产品。下半年,Intel 公司又推出 256 位的 SRAM 芯片 1101,这是世界上第一个高容量半导体存储器。

SRAM 使用晶体管存储数据,在加电情况下,不需要刷新,数据也不会丢失。但是 SRAM 造价昂贵,且容量不能做得很大。DRAM 使用电容存储数据,价

3101 芯片①

1101 芯片①

格便宜,容量也可以做得很大,非常适合做计算机内存。不过,电容会缓慢放电,只能将数据保持很短的时间,所以DRAM必须隔一段时间刷新一次。

1970年,Intel公司开始研制DRAM。首先研制的1102是一个过渡产品,从来没有上市销售。正式推出的产品是1103,每个存

1103芯片①

储单元使用三个晶体管,容量为1KB。1103成了能彻底取代磁芯存储器的首个半导体器件。它体积小,价格便宜,能进行批量生产,被许多计算机公司大量采购。Intel公司此后十几年的主要业务一直是DRAM芯片,直到1980年代中期才让位于微处理器芯片。

内存芯片存在着无法拆卸更换的弊病,这对于计算机的发展造成了现实的阻碍。大型程序和80286硬件平台的出现对内存性能提出了更高要求。为了提高速度并扩大容量,内存必须以独立的封装形式出现。有鉴于此,内存条便应运而生了。将内存芯片焊接到事先设计好的印刷电路板上,在计算机主板上采用内存插槽,这样就彻底解决了内存难以安装和更换的问题。

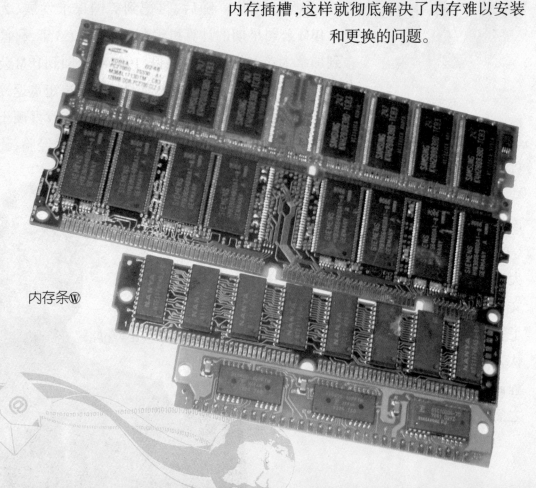

内存条⑭

# 1970 年

# 科德提出关系模型

　　"关系"是数学中的一个基本概念,用集合中的任意元素所组成的若干有序对表示,用以反映客观事物间的一定关系,如数之间的大小关系、人之间的亲属关系、商品流通中的购销关系等。在计算机科学中,关系的概念也具有十分重要的意义。计算机的逻辑设计、编译程序设计、算法分析与程序结构、信息检索等,都应用了关系的概念。那么,谁是第一个想到用关系的概念来建立数据模型,用以描述、设计与操纵数据库的呢?

科德Ⓢ

　　科德,英国计算机科学家。他在第二次世界大战期间服役于皇家空军,参加了许多空战。战后,科德到牛津大学学习数学,1948年取得硕士学位。随后,科德到美国谋求发展,为IBM公司早期的计算机编制程序。1953年,科德到加拿大参与开发导弹项目,1957年又回到IBM公司。由于发现自己缺乏硬件知识,科德毅然决定重返校园,到密歇根大学学习计算机与通信,并于1963年取得硕士学位,1965年取得博士学位。扎实的理论基础加上十几年的丰富实践经验,让科德为数据库技术开辟了一个新时代。

　　在数据库技术的历史上,1970年是发生伟大转折的一年。该年6月,IBM公司圣何塞研究实验室的高级研究员科德在《美国计算机协会通讯》上发表了论文《用于大型共享数据库的关系数据模型》。论文首次明确而清晰地为数据库系统提出了一种崭新的模型——关系模型,这被认为是数据库系统具有划时代意义的里程碑。科德因此被称为"关系数据库之父",并荣获了1981年度的图灵奖。

埃里森Ⓞ

科德建议将数据独立于硬件来存储,程序员使用一个非过程语言来访问数据。按照他的想法,数据库用户或应用程序不需要知道数据结构就能查询数据。论文发表之后不久,科德又提出了更为详细的指导创建关系数据库的12项原则。

关系模型结构简单,又有坚实的数学基础,一经提出,立即引起学术界和产业界的广泛重视。该模型从理论与实践两方面对数据库技术产生了强烈的冲击。关系模型提出之后,以前的基于层次模型和网状模型的数据库产品很快走向衰败以至消亡,一大批商品化关系数据库系统很快被开发出来,并迅速占领了市场。其交替速度之快、除旧布新之彻底是软件史上所罕见的。

科德的理论公开之后,并没有立即被IBM公司所采纳,因为当时IBM公司已经对一个称为IMS的层次型数据库进行了大量投资。此时,正在为美国中央情报局开发数据库的计算机科学家埃里森被这套理论深深打动,决定与同事欧特斯、迈纳尔一起创办一家数据库公司。

1977年,埃里森的"软件开发实验室公司"(SDL)正式成立,1978年迁往硅谷,更名为"关系式软件公司"(RSI)。1979年夏季,RSI公司发布了可用于DEC公司PDP-11计算机的商用数据库产品ORACLE,产品整合了比较完整的SQL实现,包括子查询、链接及其他特性。当时,美国中央情报局想买一套这样的软件来满足他们的需求,但在咨询了IBM公司之后,发现他们没有适用的产品,于是联系了RSI公司,成为RSI公司的第一个大客户。1982年,鉴于产品的名气已经大过公司,埃里森干脆把公司名称也改成了ORACLE。这家全球最大的企业软件公司就此诞生了。

# 1970
# 霍普克洛夫特与陶尔扬提出深度优先搜索算法

在国际象棋中,王后的威力是最大的。她横、直、斜都可以走,且步数不受限制。1848年,德国棋手贝瑟尔提出了一个著名的问题:在8×8的国际象棋棋盘上放置8个王后,使她们不能直接互相攻击,即任意两个王后都不能处于同一行、同一列或同一斜线上。八王后问题一共有92个不同的解。如果将经旋转和对称可化为同一的解归为一种,则一共有12种解。八王后问题曾难倒了许多人,但如果你学会了深度优先搜索算法,它便迎刃而解了。

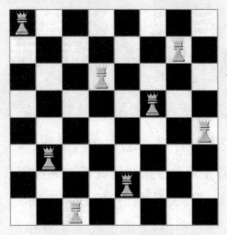

八王后问题的一个解⑤

霍普克洛夫特,美国计算机科学家。他1961年取得西雅图大学电气工程学士学位,后进入斯坦福大学,用3年时间拿下硕士、博士学位。临毕业前,正好普林斯顿大学的麦克卢斯基教授为筹建数字系统实验室请霍普克洛夫特的导师威德罗推荐博士生去他那里工作。威德罗推荐了霍普克洛夫特,从此改变了他的人生道路。霍普克洛夫特先后在普林斯顿大学、康奈尔大学、斯坦福大学等著名学府工作,主要研究自动机理论、算法和机器人。

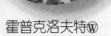

霍普克洛夫特ⓦ

陶尔扬,美国计算机科学家。他在参加中学生科学夏令营时第一次接触到计算机,立即被这种神奇的机器所吸引。1969年取得加州理工学院数学学士学位后,陶尔扬进入斯坦福大学,师从著名计算机科学家克努特。

陶尔扬Ⓞ

1970年,霍普克洛夫特在康奈尔大学获得一年学术休假,他决定回到母校斯坦福大学,在克努特教授带领下做研究。克努特知道霍普克洛夫特对算法感兴趣并有独到见解,就把他和自己的得意门生、研究方向也是算法的陶尔扬安排在了一个办公室。两人选择了图论中与实际应用有很大关系的图的连通性和平面性测试问题进行攻关。

寻找高效的平面图测试算法是当时的一大难题。霍普克洛夫特和陶尔扬都是富有创造性的人,又都善于与他人合作共事。当两块智慧的火石碰在一起时,马上迸发出了耀眼的光芒。在解决这个难题的过程中,霍普克洛夫特首先提出了一种新思路,经过陶尔扬的反复推敲和完善,一种适于解这类问题的新算法终于诞生了,这就是"深度优先搜索算法"(DFS)。

利用深度优先搜索算法对图进行搜索时,节点扩展的次序是向某一个分支纵深推进,到底后再回溯,这样就能保证所有的边在搜索过程中都经过一次,并且只经过一次,从而大大提高搜索效率。霍普克洛夫特和陶尔扬把他们的研究成果写成论文在《美国计算机协会通讯》上发表,引起很大的轰动。深度优先搜索算法成为图论中的经典算法,它可以产生目标图的相应拓扑排序表,利用拓扑排序表可以方便地解决最大路径等很多相关的图论问题。深度优先搜索算法被推广到信息检索、国际象棋比赛程序、专家系统中的冲突消解策略等许多方面。

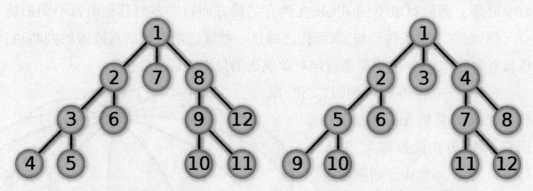

深度优先搜索的顺序ⓢ　　　　　　广度优先搜索的顺序ⓢ

与深度优先搜索算法对应的是广度优先搜索算法(BFS)。利用广度优先搜索算法对图进行搜索时,是从根节点开始,沿着树的宽度遍历树的节点,如果发现目标,则搜索终止。广度优先搜索算法是一种盲目搜寻法,目的是系统地展开并检查图中的所有节点,以找寻结果。换句话说,它并不考虑结果的可能位置,而是彻底地搜索整张图,直到找到结果为止。

霍普克洛夫特与陶尔扬因发明深度优先搜索算法,以及在数据结构和算法的设计、分析方面的众多创造性贡献,共同荣获了1986年度图灵奖。

# 1970 年代
# Smalltalk 语言问世

传统的程序设计将程序看作一系列函数的集合,或者是对计算机下达的一系列指令。面向对象的程序设计将对象作为程序的基本单元,每一个对象都能够接收数据、处理数据,并将数据传达给其他对象。第一个提出面向对象这个概念的是美国计算机科学家艾伦·凯,他有一句广为流传的名言:"预测未来的最好方法是创造未来。"

1970年代初,施乐公司帕克研究中心以艾伦·凯为首的一个软件小组设计并实现了Smalltalk语言。Smalltalk被公认为第二个面向对象的编程语言和第一个真正的集成开发环境,对众多其他编程语言的产生起到了极大的推动作用。

艾伦·凯◎

在Smalltalk中,所有的东西都是对象,或者被当作对象处理。面向对象使Smalltalk在语言结构方面有许多与其他语言不同的特点。例如,它没有条件语句,取而代之的是一些发送给对象的真或假的判断;它也没有循环重复语句,而是通过向对象发送消息来实现重复执行。

在开发Smalltalk语言期间,艾伦·凯还为个人计算机Alto开发了图形用户界面,并由此被称为"个人计算机之父"。他由于研制面向对象的编程语言,以及为个人计算机Alto开发出世界上第一个图形用户界面,获得2003年度图灵奖。

Smalltalk 的热气球标志◎

# *1971* 年
# Intel 公司推出微处理器芯片

　　说起计算机中的中央处理器(CPU)，大家都不感到陌生。CPU是计算机中最重要的组成部分，由运算器和控制器组成。伴随着大规模集成电路技术的迅速发展，芯片的集成密度越来越高，CPU可以集成在一个半导体芯片上。这种具有中央处理器功能的大规模集成电路器件，被统称为"微处理器"。

　　发明微处理器芯片体系结构的是硅谷有名的天才——美国计算机科学家霍夫。1969年8月，霍夫提出了一个计算机设计方案，整个计算机由4个芯片组成：中央处理器CPU、存储指令的只读存储器ROM、存储数据的动态随机存储器RAM，以及用作输入输出的移位寄存器。

霍夫⑤

　　1971年11月15日，Intel公司正式宣布，根据霍夫的方案设计生产的全球第一款微处理器芯片4004问世。这是一个四位微处理器，包含2300个晶体管，每秒可执行6万条指令。虽然它的功能相当有限，而且速度很慢，但它的问世为计算机的微型化和个人计算机的诞生奠定了基础。

4004芯片①

8080和8086芯片①

　　1974年，Intel公司推出第二代微处理器芯片8080，作为代替电子逻辑电路的器件被用于各种应用电路和设备中。1978年，Intel公司首次生产出16位的微处理器芯片，命名为8086，成为第三代微处理器的起点。

　　此后，Intel公司在8086的基础上又研制出了80286、80386、80486及Pentium等微处理器芯片，成为各类计算机系统的核心。

# 1971年
# 汤姆林森开发出电子邮件

    几十年前,远隔两地的人进行联系的主要方式就是写信,并通过邮局寄到对方手中。现在,用信纸写信的人越来越少了,但人与人之间的通信却更加频繁,因为几乎人人都有自己的电子邮箱,发电子邮件成了网络上主要的通信方式之一。从1970年代诞生以来,电子邮件已经陪伴人们走过了40多年。电子邮件改变了人们的交流方式,但是你对它又真正了解多少呢?

    电子邮件是用电子手段传送信件、资料等信息的通信方法。电子邮件在网络上的发送和接收与传统的信件非常相似。每一个申请到互联网账号的用户都会有一个电子邮件地址,它相当于你家的通信地址,或者更准确地说,相当于你在邮局租用了一个信箱。当我们发送电子邮件时,需要填写收信人的姓名和电子邮件地址,邮件由邮件发送服务器发出,并根据收信人地址发送到对方的邮件接收服务器上。

电子邮件⑦

    电子邮件最早诞生于早期的 ARPANet 网络。1971年,美国国防部资助的 ARPANet 研究正在如火如荼地进行中。这时,一个非常尖锐的问题出现了:参加此项目的科学家们在不同的地方做着不同的工作,但是不能很好地将各自的研究成果与他人分享。原因很简单,因为大家使用的是不同的计算机,每个人的工

汤姆林森(左)①

@符号Ⓦ

作数据别人都无法读取。大家迫切需要一种能够借助网络在不同计算机之间传送数据的方法。

为ARPANet工作的美国计算机科学家汤姆林森博士，把一个可以在不同计算机网络之间进行拷贝的软件和一个仅用于单机的通信软件进行了功能合并，命名为SNDMSG，即send message（传递信息）的缩写。作为测试，他使用这个软件在ARPANet上发送了第一封电子邮件，收件人是另外一台计算机上的自己。尽管这封邮件的内容连汤姆林森本人也记不起来了，但那一刻仍然有重大的历史意义：电子邮件诞生了。

汤姆林森选择"@"作为用户名与服务器名的间隔，因为这个符号比较生僻，不会出现在任何一个人的名字当中，而且它的读音也有着at（在）的含义。

ARPANet的科学家们以极大的热情欢迎了这个石破天惊般的创新。从此以后，他们天才的想法及研究成果能够以快得令人吃惊的速度来与同事共享了。在ARPANet所获得的巨大成功当中，电子邮件功不可没。

电子邮件是在1970年代发明的，那时使用ARPANet网络的人很少，而且网速不快，用户只能发送些简短的信息。1980年代中期，个人计算机兴起，电子邮件开始在计算机爱好者及大学生中广泛传播开来。到了1990年代中期，互联网浏览器诞生，全球网民人数激增，电子邮件才被广泛使用。现在，电子邮件已经可以传送声音、图像等多媒体信息，甚至能在网上分发数据库或账目报告等更加专业化的文件，且全球畅通无阻，极大地改变了人们的交流方式。

全球畅通的电子邮件Ⓨ

# 1971年
# 库克提出 NP 完全性问题

2000年5月24日,在巴黎法兰西学院举行的一个公开会议上,美国马萨诸塞州的克莱数学促进会宣布,对七个悬而未决的数学难题以每一个悬赏100万美元寻求解答,这些问题从此被称为"千年难题"。这七大难题是当今数学领域最难以攻克且最具重要意义的问题,对它们的解答将对21世纪的数学研究起到巨大的影响。排在七大难题首位的是唯一一个关于计算机的问题——P对NP问题。那么,究竟什么是P对NP问题呢?

用计算机解决一个具体问题时,首先要找出一种方法,并确定在计算机上执行它需要多长时间。当问题中的数据增加时,计算时间也会相应地增加,但是这个时间会增加多少呢?是呈倍数地增加还是呈指数地增加?

大致来说,计算机能够有效处理的是多项式时间过程,就是时间的复杂性以多项式来表达的过程。依据图灵于1930年代提出的理想化计算模型,由确定性图灵机在多项式时间内可解的一类问题称为P问题。与多项式时间过程相对的是指数时间过程,随着数据规模的增加,指数时间过程需要花费的时间会比宇宙的寿命还要长。所以,指数时间过程不是计算机能够有效处理的过程。还有一类问题介于这两者之间,如汉诺塔问题、背包问题等,至今没有找到合适的多项式时间算法,属于非确定性多项式时间问题,即NP问题。那么,NP问题有没有

汉诺塔①

库克⊙ 背包问题Ⓢ

可能转化为P问题呢？NP问题和P问题有没有可能是同一类问题呢？这就是七大难题之首的P对NP问题，可以表示为"P=NP?"。

由于"P=NP?"这个问题难以解决，美国数学家斯蒂芬·库克另辟蹊径，从NP问题中分出复杂性最高的一个子类，称为NP完全类，即NP完全性问题。

1971年5月，库克在美国计算机协会于俄亥俄州举行的第三届计算理论研讨会上发表了他的著名论文《定理证明过程的复杂性》。在这篇论文中，库克首次明确提出了NP完全性问题，并奠定了NP完全性理论的基础。

库克证明，任取NP类中的一个问题，再任取NP完全类中的一个问题，则一定存在一个确定性图灵机上的具有多项式时间复杂性的算法，可以把前者转变成后者。这就表明，只要能证明NP完全类中有一个问题是属于P类的，也就证明了NP类中的所有问题都是P类的，即证明了P=NP。库克因在计算复杂性理论方面的贡献，尤其是在奠定NP完全性理论基础上的突出贡献，荣获1982年度图灵奖。

库克的这一研究成果为研究"P=NP?"的科学家们指明了一条捷径。有谁能拿到那100万美元的悬赏呢？

三类问题的关系Ⓢ

# 1972年
# 里奇与汤普森开发C语言

凡是对计算机有所了解的人都知道C语言。C语言是世界上最流行、使用最广泛的高级程序设计语言之一。它既具有高级语言的特点,又具有汇编语言的特点。计算机专业的学生进行专业学习时,往往都是从"C语言程序设计"这门课程开始的。但谁能想到,开发C语言的初衷竟然是为了玩游戏!C语言到底是如何诞生的呢?它究竟有着怎样的魅力,令人们对它钟爱有加?

1969年,贝尔实验室的研究员汤普森闲来无事,编了一个模拟在太阳系航行的电子游戏——Space Travel。汤普森在一个储藏室里发现了一台闲置的PDP-7计算机,他打算在这上面玩他的游戏,但这台机器没有操作系统,而游戏必须使用操作系统的一些功能。于是汤普森开始自己编写操作系统。那时的操作系统主要是用汇编语言编写的,汇编语言依赖于计算机硬件,程序的可读性和可移植性都比较差。汤普森在PDP-7上尝试用汇编语言写程序,结果效率极低。

1963年,剑桥大学将ALGOL 60语言发展成为CPL语言,1967年又产生了简化版的BCPL语言。汤普森以BCPL语言为基础,设计出了一种比较简单的B语言。但是由于B语言设计本身的缺陷,汤普森在内存的限制面前一筹莫展。

1971年,同样酷爱Space Travel的里奇为了能早点玩上游戏,加入了汤普森

汤普森使用的PDP-7计算机①

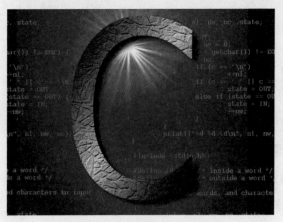

C语言◎

的开发项目。他的主要工作是改造B语言,使其更加成熟。1973年,里奇赋予了新语言系统控制方面的能力,并且让新语言变得简洁、高效。里奇把它命名为C语言,意为B语言的下一代。

C语言的主体完成后,汤普森和里奇迫不及待地开始用它完全重写了UNIX操作系统。此时,编程的乐趣让他们完全忘记了那个Space Travel游戏,一门心思地投入到了UNIX和C语言的开发中。

C语言的语法非常简洁,对使用者的限制很少。里奇编写的《C编程语言》教材总共只有100多页,薄得令人难以置信。很多人都被它的简洁吸引,开始学习并使用C语言。直到今天,C语言依然是世界上最重要的编程语言之一,显示了强大的生命力。

随着UNIX的发展,C语言自身也在不断地完善。1977年,为了推广贝尔实验室开发的UNIX操作系统,里奇发表了不依赖于具体计算机系统的可移植的C语言编译程序,使C语言再向前跨出一大步。1978年后,C语言已先后被移植到大、中、小及微型计算机上。

C语言是世界上最流行、使用最广泛的高级程序设计语言之一,许多大型应用软件都是用C语言编写的。在操作系统和需要对硬件进行操作的场合,用C语言明显优于用其他高级语言。C语言的绘图能力很强,具有可移植性,并具备很强的数据处理能力,适于编写系统软件,以及三维、二维图形和动画程序。

1983年,里奇和汤普森共同获得了图灵奖。1999年4月27日,两人从美国总统克林顿手中接过沉甸甸的美国国家技术奖奖章。

《C编程语言》教材◎

# 1972年
# 卡普完善NP完全性理论

在图灵奖的获奖者中,有一位罕见的"三栖"学者。他从小兴趣广泛、聪明过人,在哈佛大学文理兼修,先后获得文学学士、理学硕士和数学博士学位。他知识渊博,通晓多个学科专业,同时被加州大学伯克利分校的电气工程和计算机系、数学系、工业工程和运筹学系聘为教授。他被授予图灵奖,也是因为在算法的设计与分析、计算复杂性理论、随机化算法等诸多方面作出了创造性贡献。这个牛人是谁?他作出了哪些创造性的贡献?

卡普①

1960年代,高级语言刚诞生不久,计算机开始被社会所重视,并逐渐走向普及。在这种情况下,有关数据结构、算法、计算复杂性等方面的课题吸引了众多学者的注意。

卡普,美国数学家、计算机科学家。他1959年取得数学博士学位,后进入IBM公司沃森研究中心,在那里工作了近10年。卡普深入研究的是与实际应用有密切联系的一系列数学问题,取得了许多成果。

这些数学问题有一个共同的特点:如果用图来表示问题,那么当图中增加一个节点时,需要考察的可能解的数目就会急剧增加,形成所谓"组合爆炸",使计算机的计算工作量大大增加,到一定程度就根本无法实现。路径问题中最著名的是旅行推销员问题,就是当一名推销员要走访多个城市时,如何找到经过每个城市一次并回到起点的最短路径。规则虽然简单,但在城市数目增多后,问题的求解却极为复杂。

IBM公司沃森研究中心①

在对旅行推销员问题进行研究的过程中,卡普发现,无论对算法做何种重大的改进,无论用何种更高效的新算法使我们能较快得到推销员的周游路线,解题所需的时间总是问题规模(在这里是城市数)的函数,且以指数方式增长。这引起了卡普的深思,并促使他进入计算复杂性领域,开始更深层次的研究。

1968年,卡普离开IBM公司到加州大学伯克利分校工作。最早提出NP完全性问题的库克、计算复杂性理论的奠基人之一布卢姆等一批知名学者当时都在那里,学术气氛十分浓厚。在这样的环境下,卡普对计算复杂性问题的研究日益深入。

旅行推销员问题⑤

1972年,卡普发表了他的著名论文《组合问题中的可归约性》,巩固和发展了由库克提出的NP完全性理论。库克仅证明了命题演算的可满足性问题是NP完全性问题,而卡普则证明了从组合优化中引出的大多数经典问题,包括背包问题、覆盖问题、匹配问题、分区问题、路径问题、调度问题等,都是NP完全性问题。只要证明其中任意一个问题是属于P类的,就可解决计算复杂性理论中最大的一个难题,即"P=NP?"问题。

这篇论文中的许多成果对后续的相关研究都有重大意义。例如,卡普对计算复杂性理论中的术语进行了规范和统一,首次将有多项式时间算法的问题命名为P类问题,为学术交流带来了很大的好处。又如,卡普在刻画NP类中的"最困难"问题类时,提出了与库克归约不同的另一种归约方法,称做"多项式时间多一归约",有时直接叫做"卡普归约"……

由于在算法理论,尤其是NP完全性理论等方面的创造性贡献,卡普荣获1985年度图灵奖。

# *1972—2000*年
# 研制第四代电子计算机

1967年和1977年分别出现了大规模和超大规模集成电路。大规模集成电路可以在一块芯片上容纳几千个元件,超大规模集成电路可以在一块芯片上容纳几十万个元件。例如80386微处理器,在面积约为10mm×10mm的单块芯片上,可以集成大约32万个晶体管。大规模和超大规模集成电路的应用,使得计算机的体积和价格不断下降,而功能和可靠性不断增强。

1972—2000年期间设计的计算机,通常被称为第四代电子计算机。第四代电子计算机由大规模和超大规模集成电路组装而成。

1971年,Intel公司研制成功世界上第一款微处理器4004,基于微处理器的微型计算机时代从此开

罗伯茨①

始。1975年1月,美国新墨西哥州MITS公司的罗伯茨推出了首台通用型Altair 8800计算机,它采用Intel 8080微处理器,256字节的RAM,是世界上第一台微型计算机。Altair 8800与现在的计算机看起来很不一样,它没有显示器、键盘及磁盘存储设备,而是通过主机前面板上成排的开关、状态指示灯来进行操作并显示编程结果,用它编写的程序也非常原始。Altair 8800在性能上完全无法与IBM公司的各型计算机相比,然而它也具有显著的优点——体积小,价格低。当时主机的售价为397美元,整套设备售价498美元,后来又降到不可思议的375美元。

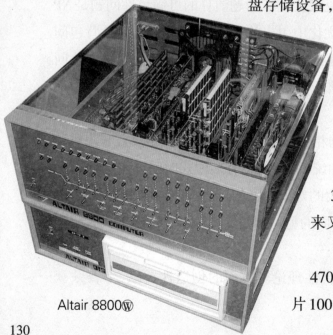

Altair 8800⑩

1975年,美国Amdahl公司研制成470V/6大型计算机,该机首次使用了每片100门的大规模集成电路门阵列,并获得

了成功。随后,世界上的主要计算机厂家相继推出门阵列机器,取代以往以中小规模集成电路为主的第三代电子计算机。

日本富士通公司是全球第一个充分利用大规模集成电路和CMOS技术打破计算机性价比瓶颈的公司。1974年,FACOM M系统大规模主机问世,其中FACOM M-190被认为是当时基于大规模集成电路架构的最大、最快的电子计算机。

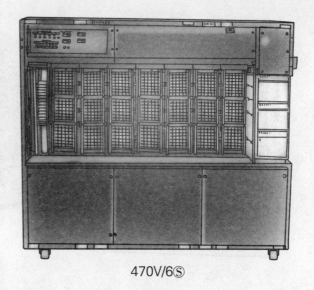

470V/6Ⓢ

英国曼彻斯特大学1968年开始研制第四代电子计算机,到1974年便与英国ICL公司一起开发出ICL 2900系列计算机。该系列计算机的架构采用了虚拟机的概念,每个程序运行于独立的虚拟机上,可以看作其他操作系统中的一个进程。1976年,曼彻斯特大学又研制成功DAP系列计算机。

1970年代中期,计算机制造商开始为普通消费者生产计算机,这时的小型计算机带有界面友好的软件包、供非专业人员使用的程序,以及最受欢迎的字处理和电子表格程序。最早的个人计算机之一是美国苹果计算机公司的Apple Ⅱ

ICL 2900①

Apple Ⅱ①

TRS-80①

计算机,于1977年开始在市场上出售。不久,又出现了Radio Shack公司的TRS-80和Commodore公司的PET-2001等个人计算机。

1981年,IBM公司推出个人计算机IBM PC,被用于家庭、办公室和学校。此后,各种个人计算机如雨后春笋般纷纷出现。当时的个人计算机一般以8位或16位的微处理器芯片为基础,存储容量为64KB以上,带有键盘、显示器等输入输出设备,并可配置小型打印机、软磁盘、盒式磁盘等外围设备,还可以使用各种高级语言自编程序。1980年代,个人计算机的竞争使得计算机价格不断下跌,拥有量不断增加,体积继续缩小。1984年,与IBM PC竞争的苹果Macintosh系列个人计算机推出,该系列计算机提供了友好的图形界面,用户可以用鼠标方便地进行操作。

第四代电子计算机按规模可分为巨型机、大型机、中型机、小型机、单片机、微型机和便携机,按作用又可分为工作站和服务器。微处理器的型号经过了8080、8086、80286、80386、80486、80586、Pentium、Pentium Pro等发展过程,相应的软件开发更是一日千里,成为全球信息化革命最活跃的领域之一。

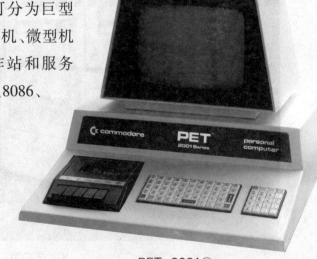

PET-2001①

# 1973年

# 瑟夫与卡恩制订 TCP/IP 标准

当你轻点鼠标浏览网络时,是否曾经想过计算机网络是怎样发送和接收数据的?如同人与人之间相互交流需要遵循一定的规矩一样,计算机之间的相互通信同样需要共同遵守一定的规则,这些规则就是网络协议。网络协议是网络中传递、管理信息的一些规范。如今,几乎所有接入互联网的设备都支持 TCP/IP 协议,人们每一次使用网络时,TCP/IP 协议都在默默发挥着重要作用。可以说,没有 TCP/IP 协议就没有互联网的今天。

卡恩①

卡恩,美国计算机科学家。他在普林斯顿大学获得硕士和博士学位,毕业后到波士顿 BBN 咨询公司实习。1968年,BBN 公司赢得了承包美国国防部高级研究计划署 ARPANet 工程的合同,卡恩负责解决差错检测与纠正、通信阻塞等问题。1972年,卡恩被计划署的信息处理技术处雇用,在那里研究卫星数据包网络和地面无线数据包网络。

瑟夫,美国计算机科学家。他在加州大学洛杉矶分校获得计算机硕士和博士学位,1973年春天加入到卡恩为 ARPANet 设计下一代协议的工作中,1976年正式调入美国国防部高级研究计划署。

当时,ARPANet 正逐步扩展成为国际性网络,接入网络的计算机有各自不同的信息格式,相互之间无法交流。为解决这个问题,1973年夏天,瑟夫和卡恩开发出了一个基本的改进形式——传输控制协议/网际协议(TCP/IP),将网络协议之间的差异通过使用一个公用互联网络协议隐藏起来,就如同由一个翻译使说不同语言的人相互交流一样。可靠性则由通信两端的主机保证,而不是像 ARPANet 那样由网络保证,保证数据可靠性的主要手段是数据重传。

瑟夫①

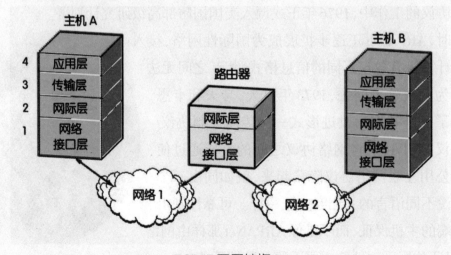

TCP/IP协议Ⓨ

TCP/IP是一系列让计算机网络间共享数据、使互联网不断扩展和增强的标准。其中TCP负责发现传输的问题，一有问题就发出信号，要求重新传输，直到所有数据安全正确地传输到目的地；而IP则是给网络中的每一台计算机规定一个地址。协议分为四层，即网络接口层、网际层、传输层和应用层。网络接口层负责数据帧的发送和接收，帧是独立的网络信息传输单元。网络接口层将帧放在网上，或从网上把帧取下来。网际层负责将数据包封装成网络数据包，并通过必要的路由算法，将数据按照特定路径从发送方传递到接收方。传输层负责在计算机之间提供通信会话。应用层负责对软件提供接口，让软件能够使用网络服务。

1974年12月，瑟夫和卡恩的第一份TCP/IP协议详细说明正式发表，制订出了经过详细定义的TCP/IP协议标准。当时做了一个试验，将信息包通过点对点的卫星网络—陆地电缆—卫星网络—地面进行传输，贯穿欧洲和美国，经过各种

TCP/IP四层结构Ⓢ

计算机系统，全程9.4万千米竟然没有丢失一个数据位。这种远距离的可靠数据传输证明了TCP/IP协议的成功。

1983年1月1日，最初的通信协议NCP被停止使用。从此以后，TCP/IP协议作为互联网上所有主机间的共同协议，成为必须遵守的规则。TCP/IP协议在被采用之后，进行了多次修改。我们目前采用的IP地址协议是IPv4，即第4版。IPv4设定的网络地址编码是32位，总共提供的IP地址为2的32次方，大约

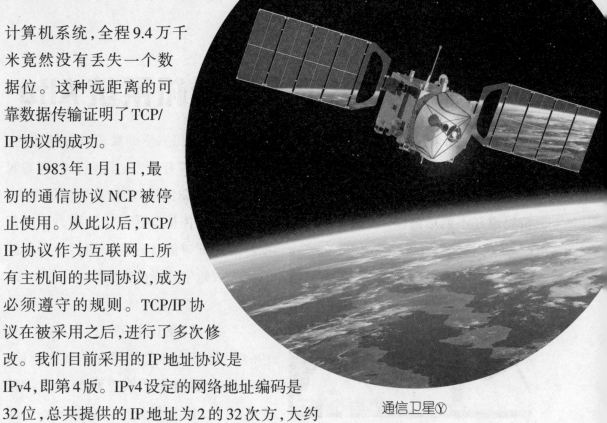

通信卫星Ⓨ

43亿个。1996年10月，美国政府宣布启动"下一代互联网"研究计划，其核心是IPv6互联网协议和路由器，有200多所大学和70多家企业参与了该计划。正是由于有了TCP/IP协议，才有了今天互联网的巨大发展。

1997年，为了褒奖对互联网发展作出突出贡献的科学家，美国政府授予瑟夫和卡恩美国国家技术奖奖章。2004年，两人由于制订TCP/IP协议获得图灵奖，这是该奖项首次授予对互联网的建设与发展作出重要贡献的学者。2005年，两人又从乔治·布什总统手中接过"总统自由勋章"。

瑟夫（左）和卡恩（中）获得"总统自由勋章"Ⓦ

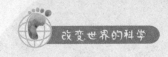
# 1973年
# 兰普森开发出个人计算机系统 Alto

早期的计算机，一般是根据政府机关、研究机构和大学的要求开发制造的，大家最注重的是运算速度，对体积、价格等因素考虑得并不多。随着各行各业对计算机需求的迅速增长，以及集成电路的发明，计算机的体积、重量不断地减小，价格也在不断地降低。但是，计算机系统的复杂操作指令还是让普通人望而却步。怎么样才能让没有使用过计算机的人也能很快学会操作它呢？

兰普森①

兰普森，美国计算机科学家。他1964年获得哈佛大学物理学硕士学位，然后进入加州大学伯克利分校攻读博士。当时，伯克利分校正在帮SDS公司研制第一个商用分时系统SDS 940，兰普森积极争取参加了这一项目。1967年，兰普森获得电机工程与计算机科学博士学位。

1960年代末，施乐公司帕克研究中心开始设计与开发个人计算机系统Alto。兰普森在留校任教4年以后，进入帕克研究中心工作，并成为Alto计算机的首席科学家。1973年，Alto计算机制造完成并正式投入运行，其首席设计师为2009年图灵奖得主、美国计算机科学家萨克尔。Alto是当时最先进的计算机，有一系列的新构思、新创造、新发明、新部件，其中最主要的是有高分辨率的全屏图形系统。Alto计算机在世界上首先应用了艾伦·凯开发的图形用户界面，打破了传统的只能用字符实现人机交互的限制，掀开了计算机历史上有重大意义的一页，使计算机与人的关系变得"友好"。

兰普森将恩格尔巴特不久前发明

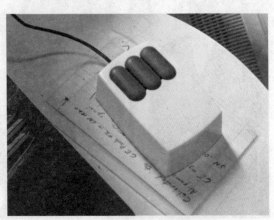

Alto计算机的鼠标①

的鼠标配置在 Alto 计算机上,使它的操作显得异常方便和快捷。恩格尔巴特的鼠标是木质的,体积也比较大,帕克研究中心对鼠标的结构作了重大改进,使它更加小巧玲珑,已经比较接近我们现在所使用的鼠标了。Alto 计算机配备的另一个先进外部设备是 8 英寸软磁盘驱动器。虽然 8 英寸软磁盘并非首次用于计算机,但帕克研究中心采用了一些新的技术,使它能存储的信息量在当时达到最大。

Alto 计算机的优异性能源自它超前的设计思想,即将计算机的体系结构,计算机所要采用的程序设计语言、操作

Alto 计算机 ⓦ

系统等系统软件,以及支撑环境统一加以考虑,以集成方式设计和开发。这种设计思想是 Alto 计算机成功的关键,也成为后来计算机系统设计的主导方向。

由于施乐公司决策层的失误,Alto 计算机虽然在帕克研究中心内部被广泛使用,但却没有被商品化推向市场。在公众面前,Alto 计算机是作为相当出色但却十分昂贵的 Xerox 850 专用字处理系统的一部分出现的。

1979 年,苹果计算机公司创始人乔布斯受邀观看了 Alto 计算机。乔布斯被自己看到的新技术所震撼,他组织公司里的技术骨干到帕克研究中心参观、座谈、学习,又从帕克研究中心挖走了一些参加过 Alto 计算机开发的技术人员,然后仿照 Alto,先后推出了 Lisa 计算机和 Macintosh 计算机。

兰普森由于作为首席科学家开发了 Alto 系统,以及在个人分布式计算机系统及其实现技术上的贡献,获得 1992 年度图灵奖。

帕克研究中心入口 ⓞ

# 1974 年
# 科克提出 RISC 概念

日常生活中，我们会举手、弯腰、下蹲、走路、跑步等等。我们的大脑发出了一条条相应的指令，指挥我们的身体肌肉收缩或舒张，才让我们完成了这一系列复杂的动作。那么，与人体的运行机制非常相似的计算机是否也是这样运行的呢？有着计算机大脑之称的中央处理器(CPU)又是怎么处理如此复杂繁多的计算机操作的呢？

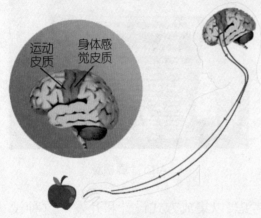

运动皮质　身体感觉皮质

大脑控制身体肌肉Ⓢ

科克，美国计算机科学家。他 1946 年在杜克大学获得机械工程学士学位。工作几年之后，他回到母校继续深造，1956 年获得数学博士学位。之后，科克进入 IBM 公司，开始了他的计算机事业生涯，为计算机科技的发展作出了巨大贡献。

早期的计算机设计中，编译器技术尚未出现，程序是以机器语言或汇编语言完成的。为了便于编写程序，计算机架构师设计出越来越复杂的指令。CPU 的设计师们不断地尝试着让指令尽可能做更多的工作。这样的处理器设计原则，最终形成了复杂指令集计算机(CISC)。CISC 通过设置一些功能复杂的指令，把一些原来由软件实现的常用功能改用硬件的指令系统实现，以此来提高计算机的执行速度。其基本思想是尽量简化计算机的指令功能，只保留那些功能简单、能在一个节拍内执行完成的指令，而把较复杂的功能用一段子程序来实现。

由于计算机执行每个指令类型都需要额外的晶体管和电路元件，计算机指令集越大，微处理器就越复杂，执行速度也会越慢。根据统计，计算机中约20%的指令承担了80%的程序执行工作，这就是著名的"20：80定律"。以此为依据，科克1974年提

科克Ⓢ

出了精简指令集计算机(RISC)的概念。由于执行较少类型的计算机指令,RISC能够以更快的速度执行操作,并促成了后来MIPS(每秒执行百万条机器语言指令数)技术的建立,这是衡量CPU速度的一个指标。

RISC和CISC是设计制造CPU的两种典型技术,两者都试图在体系结构、操作运行、软件硬件、编译时间和运行时间等诸多因素中做出某种平衡,以求达到高效的目的。由于采用的方法不同,两者在很多方面差异很大。

SPARC芯片①

| | CISC | RISC |
|---|---|---|
| 价格 | 硬件复杂,芯片成本高 | 硬件较简单,芯片成本低 |
| 性能 | 减少代码尺寸,增加指令的执行周期数 | 使用流水线降低指令的执行周期数,增加代码尺寸 |
| 指令集 | 大量的混杂型指令集,有专用指令完成特殊功能 | 简单的单周期指令,不常用的功能由组合指令完成 |
| 应用范围 | 通用机 | 专用机 |
| 功耗与面积 | 含有丰富的电路单元,功能强,面积大,功耗大 | 处理器结构简单,面积小,功耗小 |
| 设计周期 | 长 | 短 |

CISC和RISC的不同

1970年代中期,科克主持研制IBM公司的801高性能计算机项目,最终研制出一种具有小指令集、有固定格式、以流水线方式重叠执行的超级通用小型机。

最早得益于这一成果的是1981年的IBM PC个人计算机。目前,RISC已成为计算机产业中一种重要的产品结构,SUN公司的SPARC芯片和IBM公司的RS6000计算机等无不应用了这一结构。

RS6000计算机①

# 1975 年
# 盖茨与艾伦创办微软公司

在整个计算机行业,有一家公司,它的名字如雷贯耳。它是世界个人计算机软件开发的先导,也是全球最大的计算机软件提供商。它几乎占据了计算机市场的全部空间,大部分个人计算机都装载有它推出的操作系统和办公软件。它的创始人很长一段时间一直是知名的世界首富。它是IT领域的罗马帝国。它

比尔·盖茨①

就是赫赫有名的微软公司,一个哈佛大学的辍学生创建的软件帝国。比尔·盖茨是怎样一步步将微软从一家诞生于旅馆里的小公司打造成如今的传奇的呢?

他是电脑神童,他是左撇子,他的格言是"我是王"、"我能赢",他是蝉联13年的世界首富,他是微软公司的创始人之一,现在还是这家公司最大的个人股东。他就是1955年出生于西雅图的比尔·盖茨。盖茨13岁时就开始编写计算机程序,当时他就读于私立湖滨中学。1973年,他进入哈佛大学,和后来接替自己担任微软首席执行官的鲍尔默成了好朋友。在哈佛的时候,盖茨为世界上第一台微型计算机Altair 8800开发了一套BASIC语言。

他是NBA波特兰开拓者队的老板,他是摇滚乐队主唱兼吉他手,他是玩游艇、玩冒险、玩太空的"花花公子",他也是微软公司联合创始人、盖茨的伯乐和搭档。他就是1953年出生于西雅图的保罗·艾伦。艾伦也在西雅图湖滨中学读书,在那里遇到了比自己小两个年级但对计算机同样痴迷的盖茨。他们一起独占了学校的唯一一台微型计算机,来锻炼自己的程序设计能力。艾伦入读华盛顿州立大学两年之后便辍学,当时盖茨在哈佛大学接受了为Altair 8800开发编程语言的任务,两人一起在

保罗·艾伦①

哈佛阿肯计算机中心没日没夜地干了8周,用PDP-10计算机模仿8080集成块,成功地开发出了一套BASIC语言。

1975年,在艾伦的坚定支持下,盖茨也从哈佛大学辍学,两人在一家旅馆里创建了微软(Microsoft)公司。Microsoft一词由microcomputer(微型计算机)和software(软件)的缩写组合而成,这是艾伦的主意。作为创始人,盖茨拥有60%的股份,艾伦拥有40%的股份。1977年,微软公司搬到西雅图附近的雷蒙德市,在那里开发编程软件。

微软公司创立初期,以销售BASIC编译器为主要业务。编译器是将高级编程语言转变为由0和1组成的机器语言的软件。由于微软公司是少数几个BASIC编译器的商业生产商,很多家用计算机生产商便在其系统中采用它们生产的BASIC编译器。随着微软公司BASIC编译器产品的快速成长,计算机生产商又开始采用微软BASIC的语法及其他功能,以确保与现有的微软产品兼容。正是由于这种循环,微软BASIC逐渐成为公认的市场标准。

1980年11月,微软公司获得IBM公司的合同,给即将诞生的IBM个人计算机提供操作系统。微软公司没有时间开发一个全新的系统,于是艾伦从西雅图计算机公司购买了86-

微软公司Altair BASIC编译器标题页Ⓦ

Windows标识Ⓦ

DOS操作系统的版权，更名为MS-DOS给IBM公司使用，之后IBM公司又将它更名为PC-DOS。由于微软公司拥有MS-DOS的所有版权，除了授权该软件给IBM公司使用外，还将经过更改后的MS-DOS系统安装到其他计算机生产商的个人计算机上，成为了领先的个人计算机操作系统供应商。

1982年，艾伦完成了他在微软公司的最后一件作品：一种新的BASIC语言。因被诊断出患有霍奇金淋巴瘤，他不得不辞职离开了微软公司，但仍持有公司的股份。1984年，微软公司的销售额超过了1亿美元。随后，微软公司继续为IBM公司、苹果计算机公司的计算机开发软件。

1985年，微软公司推出了DOS系统的图形拓展版本Windows，其后续版本逐渐发展成为个人计算机和服务器用户广泛使用的操作系统。在Windows 95诞生以前，DOS系统是IBM PC及其兼容机的最基本配备。DOS 7.1是Windows 95所带的版本，此时用户已经不用再单独购买MS-DOS以运行Windows图形用户界面了。此后的Windows系统最终获得了个人计算机操作系统的垄断地位。

微软公司是目前全球最大的计算机软件提供商，其主要产品为Windows操作系统、IE网页浏览器、Office办公套件、Visual Studio集成开发环境等软件。微软公司也生产一些计算机硬件产品，通常用来支持其特殊的软件商品策略，如近年来推出的Surface系列平板电脑，以及Xbox系列游戏机等。

Surface平板电脑①                    Xbox游戏机Ⓦ

# *1976* 年

# 沃兹尼亚克与乔布斯创办苹果计算机公司

　　提起苹果，现在有很多人第一个想到的不是一种水果，而是 iPhone、iPad、iMac 等一系列外形简洁、操作方便的电子产品。苹果计算机公司以其先进的理念与精巧的产品，始终处于行业的最前沿。其创始人乔布斯被认为是计算机业界与娱乐业界的标志性人物，他的个人魅力吸引了全世界人的目光。苹果计算机公司是怎样诞生的？它又是怎样改变世界的？

沃兹尼亚克 ⓪

乔布斯 ⓪

　　1971 年，16 岁的乔布斯结识了 21 岁的沃兹尼亚克，两人一起制作电子仪器，设计电子游戏。1976 年，乔布斯说服沃兹尼亚克装配计算机后拿出去推销，两人一起创办了苹果计算机公司，他们的另一位朋友韦恩也同时加入。

　　Apple Ⅰ 是苹果计算机公司的第一款产品，由沃兹尼亚克设计并手工打造。当时大多数的计算机没有显示器，而 Apple Ⅰ 能够将电视机作为显示器，每秒可以显示 60 字节。此外，Apple Ⅰ 主机的启动比较容易，沃兹尼亚克还设计了一个用于装载和存储程序的卡式磁带接口，以 1200 位/秒的高速运行。虽然设计相当简单，但 Apple Ⅰ 仍然是一件杰作，而且比其他同等级的主机所用的零件更少，这使沃兹尼亚克赢得了设计大师的美名。

　　乔布斯将 Apple Ⅰ 批发给当地的计算机连锁经销商，售价 666.66 美元。

Apple Ⅰ ⓪

Apple Ⅰ一共生产销售了200台，获得了商业上的初步成功。韦恩为公司设计了第一代Logo标识，主体是一幅牛顿坐在苹果树下看书的钢笔画，表示苹果公司要效仿牛顿致力科技创新。但是这个Logo图形复杂且不易记忆，很快就被公司抛弃了。

韦恩①

苹果第一代Logo⑩

在得知乔布斯贷款15 000美元进行计算机生产后，韦恩怕公司一旦破产，自己也会一起承担债务，于是决定把自己10%的股份出售。乔布斯同意了，并支付了他800美元。如果当时韦恩没有这么做，时至今日他至少可收获数十亿美元。后来，这个故事成了著名的反面励志教材，被称做世界上"最昂贵的错误"。

1977年，沃兹尼亚克在Apple Ⅰ的基础上进行了一些补充和改进，推出了Apple Ⅱ。第一款Apple Ⅱ搭载了1MHz 6502微处理器、4KB存储器，以及用于读取程序和数据的录音带接口。Apple Ⅱ与Apple Ⅰ的最大区别是显示方式，Apple Ⅱ的电视界面既能显示简单的文字又能显示图像，并且支持彩色显示。Apple Ⅱ的外壳也进行了改良，采用了全新塑料外壳，并有一系列配套的外设产品，如磁盘驱动器、扩展内存，甚至包括游戏机手柄。Apple Ⅱ在计算机界被誉为缔造了家用计算机市场的产品，到1980年代已累计售出数百万台。

乔布斯委托广告公司重新设计苹果计算机公司的第二代Logo，要求突出Apple Ⅱ的彩色屏幕，并要求别让新Logo看起来太可爱。最后，公司决定采用一个简洁的苹果外形，苹果上彩色的条纹充满了亲和力。为了不让大家误认为是樱桃或者西红柿，这个苹果被设计成咬掉了一口。

Apple Ⅱ①

英国计算机科学家图灵在自杀时咬了一口含氰化物的苹果。2001年的英国电影《Enigma》中虚构了有关图灵自杀与苹果计算机公司Logo关系的情节，让部分公众及媒体信以为真。不过该Logo的设计师在一次采访中亲自证实这个Logo与图灵无关。他说："被咬掉一口的设计，只是为了让它看起来不像樱桃。"

苹果第二代Logo①

1985年，沃兹尼亚克另起炉灶成立了自己的公司，乔布斯也因与公司团队的矛盾辞去了董事长职务。乔布斯离开后，苹果计算机公司开始放弃低端低利润的产品，这让公司产品的售价越来越高，经营逐渐陷入困境。

1997年，乔布斯重返苹果计算机公司，整顿公司内务，并将品牌重新定位成简单、整洁、明确。当年，苹果计算机公司推出一体化的台式机iMac，其彩色、透明的外壳设计惊艳世界。这个看上去不像计算机的计算机在美国和日本大火，让公司度过了财政危机。为了配合新产品的质感，公司的第三代Logo换成了半透明的苹果。

苹果计算机公司还为自己的计算机开发了专属操作系统Mac OS。2001年3月，公司推出了OS X，它是一套基于UNIX的操作系统，品牌的核心价值从计算机变成了操作系统。公司的第四代Logo再次更新，变成了透明的。

2007年1月，苹果计算机公司正式推出首款智能手机iPhone，开创性地引入了Multi-touch技术，给用户带来了全新的体验。公司名称也更改为苹果公司，因为它已经不再是一个单纯的计算机公司了。为配合iPhone的发布，公司又换上了具有玻璃质感的第五代Logo。

苹果第三代Logo①

苹果第四代Logo①

苹果第五代Logo①

145

# 1977年

# 美国、日本制成超大规模集成电路

诺依斯和基尔比发明集成电路,很快带来了电子技术领域的一次革命——微电子技术革命。微电子技术是现代电子信息技术的直接基础,它建立在以集成电路为核心的各种半导体器件基础上。微电子技术的发展推动了通信技术、计算机技术和网络技术的发展,成为衡量一个国家科技进步的重要标志。

衡量微电子技术进步的标志主要有三个方面:一是芯片中器件结构的尺寸,二是芯片中所包含的元器件数量,三是有针对性的设计应用。从1970年代开始,集成电路的研究逐步展开,集成电路的集成度以指数形式增长。

通常情况下,在一块芯片上集成的晶体管元件超过10万个,或所含逻辑门电路超过1万门的集成电路,称为超大规模集成电路(VLSI)。1977年,超大规模集成电路工艺取得突破性进展,美国、日本科学家在30平方毫米的硅晶片上集成了13万个晶体管。1978年,超大规模集成电路开始投入应用,用它制造的电子设备体积小、重量轻、功耗低、可靠性高,主要用于制造存储器和微处理器。

计算机里的控制核心微处理器就是超大规模集成电路应用的典型实例。利用超大规模集成电路技术,可以将一个电子分系统乃至整个电子系统"集成"在一块芯片上,完成信息采集、处理、存储等多种功能。

超大规模集成电路的研制成功,大大推动了技术进步,进而带动了军事技术和民用技术的发展。

超大规模集成电路①

# 1977 年
# 伯努利把时态逻辑引入计算机科学

最初几十年的计算机实质上是一个个巨大的计算器,输入数据,输出计算结果。随着计算机的处理能力越来越强大,软件越来越先进,多任务的数据核查变得越来越困难。1970年代,科学家们意识到需要正确地验证计算机得出的结果,并需要考虑随着时间的推移计算机系统状态的改变。于是,时态逻辑被引入了计算机科学。

阿米尔·伯努利,以色列数学家、计算机科学家。他1967年获得魏茨曼科学研究所数学博士学位,在美国斯坦福大学从事博士后工作期间转而研究计算机科学。1973年,伯努利创办了特拉维夫大学计算机科学系。1977年,伯努利开创性地把时态逻辑引入计算机科学,把它作为开发反应式系统和并发式系统时进行规格说明和验证的工具,取得了极大的成功。1981年,伯努利回到魏茨曼科学研究所担任计算机系教授。

阿米尔·伯努利◎

事件的时间信息包括过去、现在、将来,以及之前、之后等。时态逻辑研究的就是如何处理含有时间信息的事件的问题。时态逻辑也叫时序逻辑,是非经典逻辑中的一种,时态逻辑体系包含的要素如下。

1. 基本符号:事件$e$,关系或谓词$r$,时间区间$i$等。

2. 时态谓词:之前$before(e,r)$,之后$after(e,r)$等。

魏茨曼科学研究所◎

3. 时态事件演算规则：初始规则、终止规则等。

4. 时态逻辑运算：时态区间的并、交，时态谓词的与、或、非等。

伯努利和他在斯坦福大学的同事、美国计算机科学家曼纳共同开发的时态逻辑系统称为"命题线性时态逻辑系统"（PLTL）。PLTL是对普通命题逻辑的扩充，但这一扩充意义重大，因为这使系统具有了处理随时间变化而改变其值的动态变元的能力。由于程序的行为是一种动态现象，其状态是随着时间的推移而不断改变的，而这种改变又可能反过来影响其外部环境。并发反应式程序的这种持续的动态行为无法用经典逻辑描述，也无法用逻辑学家霍恩于1951年提出的霍恩子句描述。PLTL凭着极强的表达能力填补了这一空白，成为研究并发程序，尤其是如操作系统、网络通信协议等持续不终止的反应式程序的强有力的形式化工具。它可充分表达程序的安全性、灵活性和事件的优先性等，成为程序规约、验证的有力工具，被认为是软件工程中的一场革命。

曼纳Ⓢ

由于开创性地将时态逻辑引入计算机科学，以及对程序和系统验证领域的杰出贡献，伯努利获得1996年度图灵奖。

伯努利与中国科学院院士、著名逻辑和软件学家唐稚松是至交，两人均是时态逻辑领域的领跑人。1980年代初，唐稚松教授在伯努利工作的基础上，把时态逻辑用于整个软件开发过程，包括需求定义、规格说明、设计、证实、验证、代码生成和集成，并开发了世界上第一个可执行时态逻辑语言XYZ/E和一组相应的CASE工具，在国际上引起强烈反响。伯努利赴美接受图灵奖前夕，在写给唐稚松的信中说："我完全相信，由于使时态逻辑成为具有'深远影响'的理念，你应该分享这一荣誉中一个很有意义的部分。"

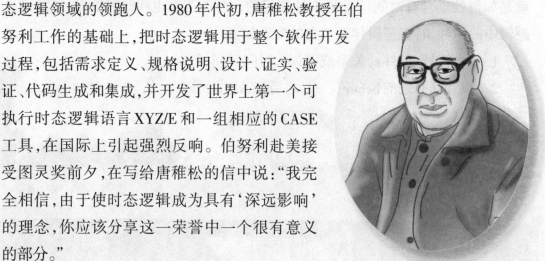

唐稚松Ⓢ

# *1978* 年

# 里维斯特等提出 RSA 公钥密码算法

密码术有着非常悠久的历史。公元前5世纪，古希腊的斯巴达就出现了原始的密码术——密码棒。密码棒是用一长条羊皮纸或皮革缠绕在一根木棒上，加密者沿木棒纵轴方向写上明文。解下来的羊皮纸上只有杂乱无章的密文字母，解密者必须将羊皮纸再次缠绕在相同直径的木棒上，才能沿木棒纵轴方向读出明文。这是最早的换位密码术，斯巴达人将此用于军事信息传递。

密码棒◎

1976年以前，所有的加密方法都采用同一种模式：甲方选择某一种加密规则（称为"密钥"），对信息进行加密；乙方使用同一种规则，对信息进行解密。由于加密和解密使用的是同样的规则，这种加密方法称为"对称加密算法"。对称加密算法有一个最大弱点：甲方必须把加密规则告诉乙方，否则乙方无法解密。保存和传递密钥，就成了最头疼的问题。

1976年，两位美国计算机科学家迪菲和赫尔曼提出了一种崭新构思，可以在不直接传递密钥的情况下完成解密。他们发明的是"迪菲—赫尔曼密钥交换算法"，这种算法把密钥分为加密的公钥和解密的私钥，公钥和加密方法都可以公开，唯一需要保密的是解密的私钥。他们的算法让其他科学家认识到，加密和解密可以使用不同的规则，只要这两种规则之间存在某种对应关系即可，这样就避免了直接传递密钥。这种新的加密算法被称为"非对称加密算法"。

1978年，麻省理工学院的三位计算机科学家里维斯特、沙米尔和阿德勒曼，在题

迪菲◎

赫尔曼◎

里维斯特（右）①

为《获得数字签名和公钥密码系统的方法》的论文中，提出了第一个较完善的公钥密码算法——RSA算法。RSA的名称来自于三位发明者的姓氏首字母。

里维斯特，美国计算机科学家。他1969年获得耶鲁大学数学学士学位，1974年获得斯坦福大学计算机博士学位，毕业后供职于麻省理工学院，主要从事密码学和计算机网络安全的研究。沙米尔，以色列计算机科学家。他1972年获得特拉维夫大学数学学士学位，1977年获得魏茨曼科学研究所计算机博士学位，后到美国麻省理工学院做访问学者。阿德勒曼，美国计算机科学家。他也是数学学士学位和计算机博士学位的获得者，两个学位分别于1968年和1976年在加州大学伯克利分校获得。

RSA算法是使用最广泛的一种非对称加密算法。这种算法非常可靠，密钥越长就越难破解。密钥生成的步骤如下：

第一步，随机选择两个不相等的素数$p$和$q$。两个素数越大，就越难破解。

第二步，计算$p$和$q$的乘积$n$，$n$的长度就是密钥长度。实际应用中，RSA的密钥长度一般是1024位，重要场合则为2048位。

第三步，计算$n$的欧拉函数$\varphi(n)$，$\varphi(n)=(p-1)(q-1)$。

第四步，随机选择一个整数$e$，满足$1<e<\varphi(n)$，且$e$与$\varphi(n)$互素。

第五步，计算$e$对于$\varphi(n)$的模反元素$d$，这相当于求解二元一次方程$ex+\varphi(n)y=1$。方程的整数解不止一组，相应的$d$（就是$x$）也不止一个。

第六步，将$(n,e)$封装成公钥，$(n,d)$封装成私钥。

将两个大素数相乘十分容易，但要想对其乘

沙米尔①

积进行因子分解却极其困难。从公钥和密文恢复出明文的难度，就等价于分解两个大素数之积，这是公认的数学难题。任何人都可以用公钥对明文进行加密，但只有知道$d$才可以进行解密。

互联网的开放性使得无论国家、单位还是个人都面临着严峻的安全问题。日益激增的电子商务和其他互联网应用需求，使公钥体制得以普及，广泛应用于CA认证、数字签名和密钥交换等领域。RSA算法为公用网络上信息的加密和鉴别提供了一种基本的方法，特别适合在计算机网络环境下使用。RSA算法是第一个能同时用于加密和数字签名的算法，而且容易理解和操作。RSA算法也是被研

阿德勒曼◎

究得最广泛的公钥算法，经历了各种攻击的考验，逐渐被人们接受，并被公认为目前最优秀的公钥密码算法之一，是国际标准化组织推荐的公钥数据加密标准。

里维斯特、沙米尔和阿德勒曼由于发明了RSA公钥密码算法，获得2002年度图灵奖。

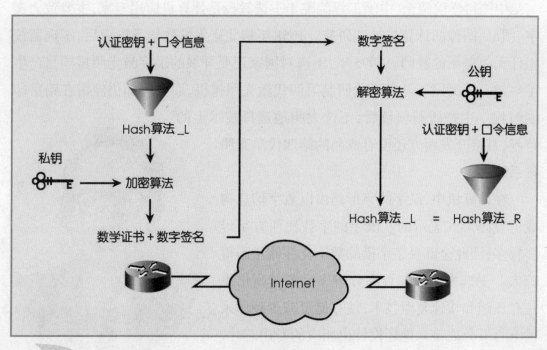

RSA算法原理⑤

# *1979* 年
# 王选研制成汉字激光照排系统

中国最早使用的印刷术是雕版印刷，就是把要印刷的文字反贴在刨光的木板上，用刀在木板上刻出阳文反体字，制成雕版。印刷的时候，在雕版上涂墨、铺

活字印刷ⓒ

纸、刷印，最后将纸揭起，成为印品。北宋的毕昇发明了活字印刷，使用制成单字的阳文反体字模排成印版，取代传统的无法重复使用的雕版，带来了印刷史上一次伟大的革命。19世纪初，西方传教士将铅活字和浇铸铅活字的铜模引入中国，此后一直沿用了一百多年。如今的书刊报纸都已经采用电子排版了。那么，中国的印刷业是怎么从"铅与火"的时代直接跨入"光与电"的时代的呢？

中国科学院院士、中国工程院院士王选教授是计算机应用专家，主要致力文字、图形、图像的计算机处理研究。1958年从北京大学数学系毕业后，王选留校担任无线电系的教师。1975年，王选对国家正要开展的汉字激光照排项目产生了兴趣。当时国外已经开始研制第四代激光照排机，而中国却仍停留在铅字印刷时代。主持研制项目后，王选大胆地选择技术上的跨越，直接开发西方还没有成品的第四代激光照排系统。

在计算机中，汉字的字形是由以数字信息构成的点阵形式表示的。汉字的字数比西方字母多很多，因此全部汉字字模的数字化存储量高得惊人。王选发明了一种高分辨率字形的高倍率信息压缩和快速复原技术，使存储量减少到原来的五百万分之一。他还设计出相应的专用芯片，在世界上首次使用"参数描述方法"描述笔画特性，并取得欧洲和中国的发明专利。

王选Ⓢ

1979年,汉字激光照排系统主体工程研制成功。7月27日,科研人员用自己研制的照排系统,在短短几分钟内,一次成版地输出了一张由各种大小字体组成、版面布局复杂的八开报纸样稿,报头是"汉字信息处理"六个大字。

1981年,王选主持研制的中国第一台计算机激光汉字照排系统原理性样机

王选用年历介绍中文彩色照排系统⑤

(华光Ⅰ型系统)通过部级鉴定。1985年,王选、吕之敏等人发明的高分辨率汉字字形发生器、照排机和印字机共享的字形发生器和控制器获得两项国家专利,华光Ⅱ型系统通过国家鉴定,在新华社投入运行。1986年,华光Ⅲ型系统获第14届日内瓦国际发明展览会金奖。1992年,王选研制成功世界首套中文彩色照排系统。这些成果的产业化及应用替代了中国沿用上百年的铅字印刷,推动了中国报业和出版业的发展。王选教授本人被称为"当代毕昇"和"激光照排之父"。

国产激光照排系统彻底改变了中文排版和印刷方式,使中国传统出版印刷行业仅用短短数年就从铅字排版直接跨越到激光照排,走完了西方几十年才完成的技术改造道路,这被公认为毕昇发明活字印刷术后中国印刷技术的第二次革命。使用激光照排系统不但可以避免铅字排版的低效益和对工人健康的伤害,而且还具有易改动、成本低和效率高等特点。

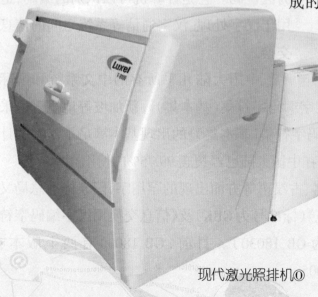

现代激光照排机①

# 1980 年
# 《信息交换用汉字编码字符集(基本集)》发布

中国的汉字博大精深,其构成机制比西方的拼音文字复杂得多。随着计算机走进人们的工作和生活,一个新的问题呈现在大家面前:如何让计算机识别和处理汉字呢?要想让汉字进入计算机,编码是关键。经过多年研究,陆续出现了400多种汉字编码方案。制定一个统一的标准迫在眉睫。

1980 年,中国国家标准总局发布了《信息交换用汉字编码字符集(基本集)》,1981年5月1日开始实施,标准号为 GB 2312。这是中国第一个简体中文字符集的国家标准。

中华人民共和国
国家标准
信息交换用汉字编码字符集
基本集
GB 2312—80

北京
1981

GB 2312①

《信息交换用汉字编码字符集(基本集)》共收录汉字 6763 个,其中一级汉字 3755 个,二级汉字 3008 个。同时,它还收录了包括拉丁字母、希腊字母、日文平假名及片假名字母、俄文西里尔字母在内的非汉字图形字符 682 个。整个字符集分成 94 个区,每区有 94 个位,每个位上只有一个字符,因此可用所在的区和位来对汉字进行编码,称为区位码。它是计算机可以识别的编码,适用于汉字处理、汉字通信等系统之间的信息交换。

中国大陆几乎所有的中文系统和国际化的软件都支持《信息交换用汉字编码字符集(基本集)》,新加坡等地也普遍采用此编码。《信息交换用汉字编码字符集(基本集)》的出现基本满足了汉字的计算机处理需要,它所收录的汉字在中国大陆已经覆盖99.75%的使用频率。

由于GB 2312不能处理人名、古汉语等方面出现的罕用字,国家标准总局又陆续颁布了《汉字编码扩展规范》(标准号为GBK)及《信息交换用汉字编码字符集基本集的扩充》(标准号为 GB 18030)。目前,GB 18030 有两个版本:GB 18030–2000和GB 18030–2005。

# *1980* 年代
# 艾伦开创并行计算编译技术

　　高级计算机语言虽然便于编写、阅读和维护，但是计算机不能直接执行它们。把以特定的编程语言写成的程序转变为可以被计算机执行的机器代码，需要一种特殊的程序，它就是编译器。编译器将源程序翻译成机器代码的工作是按固定模式进行的，想要生成高效的目标代码，就必须对编译器进行优化。

　　弗朗西丝·艾伦，美国计算机科学家。1957年，她靠助学贷款完成学业，获得密歇根大学数学硕士学位。当时，IBM公司为吸引女性参与其研究开发项目，在校园里派发招聘小册子，艾伦看到后决定应聘IBM公司沃森研究中心。研究中心最初分配给她的任务是为技术人员讲授FORTRAN程序设计。FORTRAN程序刚被开发出来，其编译器非常原始。艾伦发现编译器效率不高，有很大的改进余地，于是尝试对它进行优化。这个充满挑战性的领域深深吸引了艾伦，她此后再也没有换过工作，一直从事编译器的研究。

艾伦①

　　1980年代早期，艾伦创立了IBM并行翻译（Parallel Translation，PTRAN）研究小组，致力研究并行计算机的编译问题。PTRAN被认为是世界上最优秀的并行计算研究项目。在艾伦的领导下，研究小组一次次革新商业编译器中的程序优化算法和技术，在编译器的并行化方面处于世界领先地位，研究成果被广泛应用于各种工业产品中。艾伦亲手实现了许多由她提出的优化算法，还完成了IBM公司的第一个优化程序符号调试器，为许多编译器的开发作出了重大贡献。

　　1989年，艾伦当选为IBM院士。这是IBM公司技术人员的最高荣誉，艾伦是获此殊荣的第一位女性。1995年，艾伦被任命为IBM技术研究院院长。2000年，IBM公司设立以她的姓氏命名的"科技女性导师奖"。艾伦由于在编译器优化理论和实践方面作出的开创性贡献，获得2006年度图灵奖，她是图灵奖历史上第一位女性获奖者。

# 1980年代
# 姚期智提出关于计算复杂性的一系列理论

掷硬币或骰子产生的结果是随机的、不可预测的，后面的结果与前面的结果之间毫无关系。这些随机试验产生的结果可表示成数，那就是随机数。计算机可以按照一定的算法模拟产生"伪随机数"，这些数看上去是随机的，具有类似于随机数的统计特征，但它们其实是确定的。在实际应用中，往往使用伪随机数就足够了。伪随机数生成是计算复杂性的研究课题之一，有一位华裔科学家在这方面颇有建树。

掷硬币Ⓨ

姚期智，中国—美国物理学家、计算机科学家。他1972年获得哈佛大学物理学博士学位。做了一年博士后研究工作后，他出人意料地到伊利诺伊大学攻读计算机科学博士学位。拿到第二个博士学位后，他先后在麻省理工学院、斯坦福大学、加州大学伯克利分校和普林斯顿大学从事教学与研究。

姚期智Ⓞ

1980年代，姚期智提出了包括基于复杂性的伪随机数生成、密码学与通信复杂性在内的计算理论，他所发表的近百篇学术论文，几乎覆盖了计算复杂性的所有方面，也涉及算法设计与分析的许多重要问题。

在数据组织方面，人们通常以为排序表是一种良好的结构，在其中检索信息有最快的响应。姚期智经过深入研究，发现这个结论只在少数特定条件下才成立，而对于允许有任意信息编码的数据表而言，在排序表中检索信息的效率远不是最佳的。他的研究结果在1981年的论文《表应该被排序吗?》中发表以后，人们对信息应如何有效存储的认识发生了革命性的变化。该论文为后来出现的最佳概率化哈希模式和字典实现方式奠定了基础。

姚期智对伪随机数生成理论的诸多贡献集中反映在他1982年的论文《活板门函数的理论和应用》中。在这篇有开创性意义的论文中，姚期智证明了著名的Blum-Micali发生器所产生的随机数实际上是伪随机的，并由此导出了在随机数生成技术中一个十分重要的概念——"随机性和难度"的折中。论文还首次定义了"计算熵"的概念，并对它进行了深入研究，引出了一系列有关定理和推论，推动了密码学的发展。姚期智在1986年

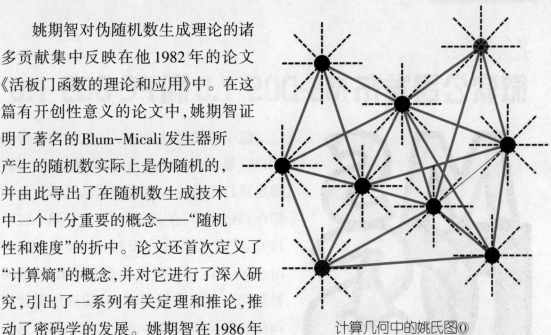

计算几何中的姚氏图⑩

的论文《如何产生和交换秘密信息》中进一步提出了一种称为"健忘的电路模拟"的密码技术，利用这种技术能秘密而可靠地计算出任意函数。在计算几何中，还有以他的姓氏命名的姚氏图。

由于在计算理论方面的众多贡献，姚期智荣获2000年度图灵奖，成为唯一获此殊荣的华裔计算机科学家。他还是美国科学院院士，中国科学院外籍院士，曾获得乔治·波利亚奖和首届克努特奖，是国际上计算机理论科学最拔尖的学者之一。

2004年9月，姚期智辞去普林斯顿大学的终身教职，正式加盟清华大学。2005年，他创办清华学堂计算机科学实验班，致力培养与美国麻省理工学院、普林斯顿大学等世界一流高校具有同等竞争力的计算机科学创新人才。

2009年10月，14位世界计算机科学领军人物齐聚清华大学，参加"中国计算机科学2020计划"研讨会，预测未来20年计算机科学将会面临的困难与瓶颈。

清华大学理论计算机科学研究中心铭牌Ⓟ

众多科研结果表明，中国的信息技术在2020年前后会碰到延续性发展屏障。姚期智带领的清华大学理论计算机科学研究中心正全力打造中国计算机科学的"超级公路"，在安全、网络、理论、机器学习及其他挑战性领域进行前沿研究，到2020年这一计划将扩展到10个重点领域。

# 1981 年
# 微软公司发布 MS-DOS 1.0 和 PC-DOS 1.0

MS-DOS商标①

最早的微型计算机是以只读内存中的 BIOS（基本输入输出系统）来初始化屏幕、键盘及打印机的。软磁盘驱动器成为新的储存设备后，可在其512KB的空间上进行读写，于是磁盘操作系统（Disk Operating System, DOS）应运而生。IBM公司发布第一台个人计算机时，其操作系统是向微软公司购买的。谁知微软公司的操作系统也是买来的……

1980年，西雅图计算机公司开发了基于8086芯片的磁盘操作系统86-DOS。1981年7月，微软公司用5万美元购得86-DOS的全部版权，并将它更名为MS-DOS。1981年8月12日，微软公司正式发布MS-DOS 1.0和PC-DOS 1.0。

PC-DOS是微软公司为IBM公司的第一台个人计算机IBM PC开发的专用版本。比尔·盖茨敏锐地抓住了这次绝佳机会，在IBM PC上安装PC-DOS进行捆绑发售。与泛用版本MS-DOS相比，PC-DOS除了系统文件名及部分针对IBM机器设计的内核、外部命令与公用程序之外，其余代码其实差异不大。

最基本的MS-DOS由一个用于计算机启动的引导程序，以及输入输出、文件管

```
Enter today's date (m-d-y): 08-04-81

The IBM Personal Computer DOS
Version 1.00 (C)Copyright IBM Corp 1981

A>dir *.com
IBMBIO    COM      1920  07-23-81
IBMDOS    COM      6400  08-13-81
COMMAND   COM      3231  08-04-81
FORMAT    COM      2560  08-04-81
CHKDSK    COM      1395  08-04-81
SYS       COM       896  08-04-81
DISKCOPY  COM      1216  08-04-81
DISKCOMP  COM      1124  08-04-81
COMP      COM      1620  08-04-81
DATE      COM       252  08-04-81
TIME      COM       250  08-04-81
MODE      COM       860  08-04-81
EDLIN     COM      2392  08-04-81
DEBUG     COM      6049  08-04-81
BASIC     COM     10880  08-04-81
BASICA    COM     16256  08-04-81

A>_
```

PC-DOS 1.0的操作界面ⓦ

理、命令解释三个文件模块组成。除此之外，微软公司还在零售的MS-DOS系统包中加入了若干标准的外部命令，与内部命令一同构建起一个在磁盘操作时代相对完备的人机交互环境。

COMPAQ计算机的MS-DOS 1.12安装盘ⓦ

MS-DOS的主要命令包括磁盘操作、目录操作、文件操作和内存操作等。在MS-DOS上运行的主要软件有试算表软件Lotus 1-2-3、字处理软件Word Perfect、数据库软件dBase和BASIC语言等。

MS-DOS一般使用命令行界面来接受用户的指令，不过在后期的MS-DOS版本中，DOS程序也可以通过调用相应的DOS中断来进入图形模式，即DOS下的图形界面程序。微软公司早期的图形操作系统Windows 3.1也是基于MS-DOS建立起来的。

MS-DOS是微软公司第一个成功的操作系统产品，自诞生以来便不断更新。在图形操作系统普及之前，MS-DOS是个人计算机中使用最普遍的磁盘操作系统，在1995年前还一直是IBM PC及其兼容机的基本操作系统。Windows 95推出并迅速占领市场之后，微软公司逐渐放弃了这个操作系统，其最后一个版本为DOS 8.0，于2000年9月发布。

MS-DOS 6.22的安装盘①

# 1981年
# IBM 公司推出 IBM PC

现在,人们可以在电子产品市场上买到各种品牌的计算机部件,然后轻松地组装出一台可以使用的机器,想升级硬件也很方便。但在1980年代以前,这是不可想象的。那时,各计算机公司的产品互不兼容,消费者只能购买一家公司的整套计算机系统才可以使用。IBM公司采用开放式架构、使用通用组件的IBM PC推出后,个人计算机的开放式业界标准随之确立,从此带来了个人计算机市场的繁荣。

IBM PC的主板①

1980年,微型计算机市场已经有了数百万美元的规模,这引起了IBM公司入门级系统经理洛维的兴趣。他写了一份详尽的市场分析报告,论述了向中小企业甚至是个人消费者推出微型计算机的可能性。IBM公司迅速组织了12位硬件工程师开发样机。因为公司没有合适的中央处理器,所以决定采用Intel公司的x86架构8088微处理器,主频为4.77MHz。由于时间和成本的限制,研究团队选择采用开放式架构,使用通用组件,这保证了产品开发如期完成。当年8月,随着样机一并呈交给IBM公司管理委员会的,是一份可以为样机提供软件的公司名单,其中包括微软公司。

1981年8月12日,IBM公司隆重推出后来为世人所熟知的

IBM PC 5150①

160

IBM PC，首款型号为5150。PC是Personal Computer的缩写，意思是个人计算机。现在，我们将台式计算机和笔记本电脑都统称为PC，而业界公认5150是现代PC的鼻祖。这是一项影响计算机发展进程的发明，它标志着个人计算机的时代来临了。

IBM PC 5150的操作系统最终采用了微软公司的PC-DOS。计算机的内存有64KB，可以使用盒式录音磁带下载和存储数据，也可配备5.25英寸的软磁盘驱动器。另外，沿用至今的BIOS（基本输入输出系统）也被首度整合到计算机中。

IBM PC的操作系统使用手册及软磁盘①

IBM PC首次明确了个人计算机的开放式业界标准，使得任何厂商都可以进入PC市场，这对于整个PC行业的发展具有极其重要的意义。当时的计算机公司一般不会泄漏自己产品的技术细节，但IBM公司打破了这个行规，没有将PC的设计保密，而是制作了详细的说明书。正式推出IBM PC 5150时，附带了一本技术参考手册，宣称能够让任何一个普通消费者"在数小时内学会使用计算机"。这些举措让其他公司研制IBM PC的兼容机成为可能。但也正是基于这一原因，IBM PC导致了一系列行业标准的迅速建立，并在全球范围内得到推广。IBM PC 5150及其后继产品成为了PC行业的主导产品，遍及大部分办公场所和家庭。

IBM PC的硬盘和控制卡①

IBM PC 5150在当时的售价为1565美元，相对于其他计算机系统，其价格已十分低廉，但这仍给IBM公司带来了丰厚的利润。与此同时，IBM PC还造就了PC文化。Intel公司推出的一系列微处理器及微软公司推出的DOS、Windows操作系统，几乎伴随着IBM PC的发展而一同发展。

# *1981* 年

# 卡亨开发出高速高效的浮点运算部件8087芯片

　　人们在工作中遇到特别大或者特别小的数时,常常会采用科学记数法。比如日地距离大约是$1.5 \times 10^{11}$米,水分子的直径大约是$4 \times 10^{-10}$米。在这些情况下,科学记数法可以比常规的记数法有效地节省数位。计算机中处理的数也有类似情况。如果约定所有数值的小数点隐含在某一个固定位置上,则称这样的数为定点数;如果小数点的位置可以浮动,则称这样的数为浮点数。浮点数的表示方法类似于科学记数法,由一个尾数乘以某个基数的整数次幂组成,只是计算机中的基数通常是2而不是10。那么,计算机是怎么完成浮点运算的呢?

　　浮点运算部件的设计和实现比定点运算部件复杂得多,因此,许多较早的计算机都不配备浮点运算部件。那么,当确实需要进行浮点运算的时候怎么办呢? 历史上曾经有过两种解决办法。第一种是利用浮点运算子程序,在定点运算部件上实现浮点运算。最早的浮点运算子程序是由威尔金森在图灵所设计的ACE计算

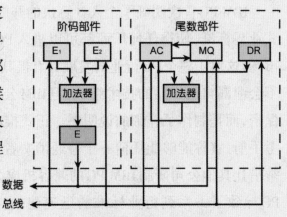

浮点运算部件的一般结构⑤

机上实现的。第二种办法是对定点数附加一个"比例因子",使它成为实际上的浮点数,这是冯·诺伊曼提出来的。比例因子的设定很伤脑筋,因为有时候运算的中间结果和最后结果的范围很难确切估计,比例因子选小了,会造成运算溢出;比例因子选大了,则影响运算精度。这两种办法都是通过软件来实现浮点运算的。但是,调用子程序会使浮点运算的速度大大降低,附加比例因子则在数的取值范围和精度两方面都有很大限制,难以满足某些应用的需要。

8087芯片①

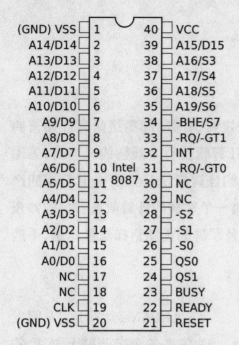

```
(GND) VSS  1        40  VCC
A14/D14    2        39  A15/D15
A13/D13    3        38  A16/S3
A12/D12    4        37  A17/S4
A11/D11    5        36  A18/S5
A10/D10    6        35  A19/S6
A9/D9      7        34  -BHE/S7
A8/D8      8        33  -RQ/-GT1
A7/D7      9        32  INT
A6/D6     10  Intel 31  -RQ/-GT0
A5/D5     11  8087  30  NC
A4/D4     12        29  NC
A3/D3     13        28  -S2
A2/D2     14        27  -S1
A1/D1     15        26  -S0
A0/D0     16        25  QS0
NC        17        24  QS1
NC        18        23  BUSY
CLK       19        22  READY
(GND) VSS 20        21  RESET
```

8087芯片的引脚分配①

1981年，在Intel公司工作的加拿大数学家、计算机科学家卡亨主持设计与开发了8087芯片，成功地实现了高速、高效的浮点运算。由于8087的算术运算是配合Intel 8088和8086微处理器进行的，所以8087被称为协处理器。8087是Intel公司设计的第一个能进行浮点运算的协处理器。

8088和8086这两种芯片使用相互兼容的指令集，而8087的指令集中增加了一些专门用于对数、指数和三角函数等数学计算的指令，以提高浮点运算的速度，满足应用程式有关浮点运算的需求。人们将这些指令集统称为x86指令集。虽然后来Intel公司又陆续生产出第二代、第三代等更先进、更快的微处理器，但都继续兼容原来的x86指令，而且在后续微处理器的命名上也沿用了原先的x86序列。直到后来因商标注册问题，Intel公司才不再继续用阿拉伯数字命名。以80x86为微处理器的计算机，若需完成科学与工程计算方面的课题，都必须同时配置8087协处理器。一些数学软件包，如Mathematica，也必须在配有8087协处理器的机器上才能运行。

卡亨随后主持制订了第一个二进制浮点运算标准IEEE 754，它规定了四种表示浮点数值的方式：单精确度（32位）、双精确度（64位）、延伸单精确度（43位以上）与延伸双精确度（79位以上，通常为80位）。此后，卡亨又主持制订了与基数无关的浮点运算标准IEEE 854。这两个标准至今仍为绝大多数的计算机厂商所遵守。

卡亨由于在浮点运算部件设计和浮点运算标准制订方面的突出贡献，获得1989年度图灵奖。

卡亨①

163

# 1983年
# 因特网正式问世

因特网(Internet),又称互联网,其前身是美国国防部高级研究计划署的ARPANet。在ARPANet产生之初,大部分计算机是互不兼容的。当时,美国陆军用的计算机是DEC公司的产品,海军用的计算机是Honeywell公司的产品,空军用的计算机则是IBM公司的产品。每一个军种的计算机在各自的体系里都运行良好,但由于计算机通信方式不同,各军种间无法直接交换信息,不能共享资源。这个棘手的问题该如何解决呢?

NCP协议⑤

ARPANet运行后,人们发现在将各个节点进行连接的时候,需要使用各种计算机都认可的信号来打开通信通道,在数据通过后还要关闭通道,否则这些节点不知道什么时候应该接收信号,什么时候应该结束。这就需要一种通信协议。1970年12月,最初的通信协议——网络控制协议(NCP)在美国计算机科学家卡恩的主持下开发完成,参与开发的还有美国计算机科学家瑟夫。NCP协议与链路控制协议(LCP)一起,组成了点对点协议(PPP),为在点对点连接上传输多协议数据包提供了一个标准方法。

卡恩认识到,只有深入理解各种操作系统的细节,才能建立一种对各种操作系统普适的协议。1973年,卡恩邀请瑟夫一起考虑这个新一代协议的各个细节,这次合作产生了传输控制协议/网际协议,即TCP/IP协议。

1983年1月,美国国防部高级研究计划署把TCP/IP协议作为ARPANet的标准协议,以取代原来的NCP协议。同时,AR-PANet也分裂为两部分:国际性网络ARPANet和纯军用网络

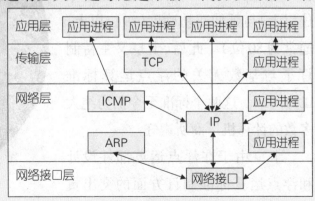

TCP/IP层级模型⑤

MILNet。从此以后,人们称呼这个以ARPANet为主干网的国际互联网为Internet(因特网),TCP/IP等一系列协议便在因特网中继续进行研究。

TCP/IP协议有一个非常重要的特点就是开放性,即协议的规范和因特网的技术都是公开的,目

Internet©

的就是使任何厂家生产的计算机都能相互通信,使因特网成为一个开放的系统。这正是后来因特网得到飞速发展的重要原因。

1986年,美国国家科学基金委员会(NSF)将分布在美国各地的5个为科研教育服务的超级计算机中心互联,形成NSFNet。1988年,NSFNet替代ARPANet成为因特网的主干网。NSFNet主干网也利用了TCP/IP技术,它的最大贡献是使因特网向全社会开放,准许各大学、政府或私人科研机构的网络加入,而不像以前那样仅供计算机研究人员和政府机构使用。

1989年,ARPANet解散,因特网正式转向民用。1993年,因特网开始走向商业化运作,引发了它的第二次飞跃性发展。今天,因特网正以人们始料不及的惊人速度向前发展,不断改变着人们的生产方式、工作方式和生活方式。

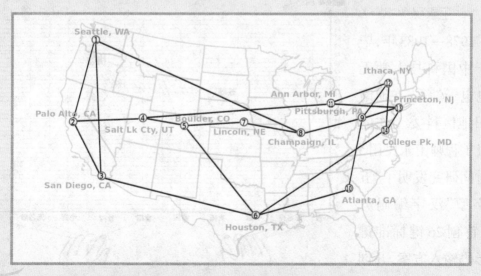

2010年美国NSFNet网络的14个节点①

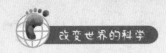

# 1983年

# 王永民发明五笔字型汉字编码

在中国，要普及和推广计算机的应用，就必须解决中文信息处理的问题，尤其是要让汉字进入计算机。汉字进入计算机有许多困难，主要原因有三点：数量庞大，字形复杂，以及存在大量一音多字和一字多音的现象。随着计算机从纯科学计算转向其他应用领域，中文信息处理逐渐成为中国推广应用计算机的关键之一。曾经有一段时间，主流的解决方案是专为汉字输入设计大键盘。数千个"字键"摆在输入者面前，每打一个字都像是在"逮跳蚤"，效率非常低下。有没有更好利用现有键盘的汉字编码方案呢？

王永民ⓒ

1978—1983年，毕业于中国科技大学无线电电子学系、在河南南阳地区科委工作的高级工程师王永民用5年时间研究发明了"五笔字型"汉字编码方案，首创26键标准键盘形码输入方案，开创

1978年11月，"第一届全国汉字编码学术会议"在青岛召开，参加会议的主要有汉语语言界和计算机界两方面的学者。根据会议统计，当时全国已有400多种汉字编码方案，其中已在计算机上试用的不过数十种。汉字编码的方案虽然有很多，但基本依据都是汉字的读音和字形两种属性。

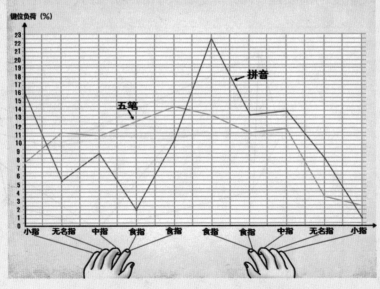

汉语拼音及五笔字型的输入击键概率曲线Ⓢ

Ⓗ

了汉字能像西文一样方便输入的新纪元。

五笔字型完全依据笔画和字形特征对汉字进行编码,是典型的形码输入法。该方案运用、集成了多学科的最新成果并加以创造。汉字输入,特别是形码输入,并不是简单地把字根部件分成堆,往键盘上一摆就行的。它涉及计算机科学、文字学、心理学和人机工程学等多种学科,是一个系统工程。

王永民研究五笔字型字根⑤

在研究编码的过程中,王永民曾经对现代汉字的使用频率做过统计。他以北京新华印刷厂的《汉字频度表》作为原始材料,共分析出664个部件,列出了10个使用频率最高的部件和它们的使用频率。他还提出了计算机汉字键盘设计"三原理"。一是相容性原理,指各个键位上多个编码元素共处一键时,其相互之间的相关性。相容性的量化指标,可以用重码的多少来表示。二是规律性原理,指各个键位及整个键盘上,编码元素的排列分布要有规律性。杂乱无章的排列显然不如有规律可循的排列更便于学习使用。三是协调性原理,指字根键位的排列应符合人机工程学原理,打起字来要顺手。协调性是汉字键盘输入实现高效率的关键。

五笔字型汉字编码方案以字根为基本单位来组字编码,采用字根拼形输入的方法,符合人们习惯的书写顺序,而且它键码短、多简码,无论多么复杂的汉字和词组,最多按4个键即可输入电脑,每个字平均码长为2.6键,重码率低于万分之二。

1983年2月6日,五笔字型第一次用来在计算机上输入了汉字。此后,王永民以十年之力推广普及五笔字型。五笔字型随王永民的足迹走进了千家万户,成千上万个中央和地方的企事业单位都用了他的五笔字型。很快地,五笔字型的商业价值也开始显露了。

王永民成立了一个中文电脑研究所,经营他请人开发的移植了五笔字型的汉卡,一块汉卡卖1700多元。后来,他又创办了王码电脑公司。五笔字型输入法被认为是"中国人打开信息世界的钥匙",并为发明者王永民带来了巨大的经

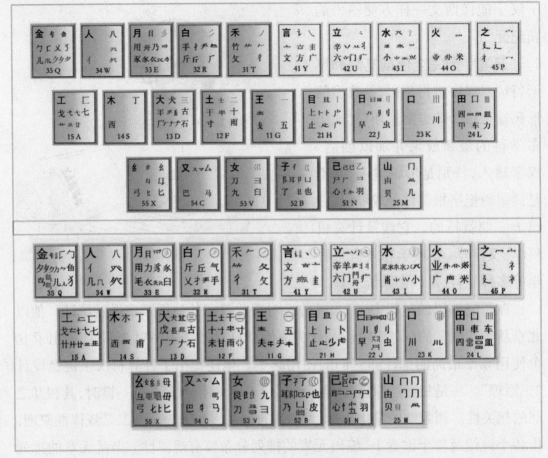

86版与98版五笔字型键位图⑫

济回报。1992年,王码电脑公司净利润达到1000万元。

五笔字型的发明在中国国内引起轰动,被新华社评价为不亚于活字印刷术的伟大发明。1984年,王永民应邀到联合国进行表演。1986年,五笔字型获得美国专利。1987年,五笔字型获得英国专利。目前,固化的五笔字型电脑产品已出口到美国、新加坡、日本等国家,成为举世公认的先进汉字输入技术。

在五笔字型的发展过程中形成了许多版本,其中最常用的是86版和98版,后来又出现了王码五笔、万能五笔、极品五笔、智能五笔等。五笔字型汉字编码使用字根和码元作为输入时的助记符。要想学好五笔字型,必须先记住每个字根所对应的键位。86版使用130个字根,98版使用245个字根。

经过多年推广普及,五笔字型输入法逐步覆盖了国内90%以上的用户,成为专业录入人员使用最多的输入法。2003年,国家邮政总局专门发行了纪念邮票"当代毕昇——王永民"。

# 1983 年
# 中国研制成功亿次巨型计算机

1970 年代，中国对于超级计算机的需求日益激增。中长期天气预报、模拟风洞实验、三维地震数据处理，以及新武器开发和航天事业，都对计算能力提出了新的要求。1973 年，当时所具备的每秒仅能完成 200 万—500 万次计算的计算机已经不能满足飞行器设计中流体力学计算的需要，时任国防科委副主任的钱学森要求中国科学院计算所立即研制亿次高性能巨型计算机。

慈云桂Ⓢ

1978 年 3 月，中共中央作出决定，将研制亿次巨型计算机的任务交给中国国防科技大学。后来当选中国科学院院士的计算机专家慈云桂教授担任了这一任务的总指挥和总设计师。设计组充分利用对外开放的有利条件，设计出既符合中国国情又与国际主流巨型机兼容的中国亿次巨型机总体方案。

1983 年 12 月 22 日，中国国防科技大学计算机研究所研制成功中国第一台每秒钟运算 1 亿次以上的巨型计算机——"银河-Ⅰ"，使中国成为继美国、日本之后第三个能独立设计和研制超级计算机的国家。"银河-Ⅰ"巨型机比国际主流巨型机在 10 个方面有了创造性的发展，填补了国内巨型机的空白，并在石油勘探、气象预报和工程物理研究等领域得到了广泛应用。"银河"是时任国防科委主任的张爱萍将军命名的，他当时还赋诗一首："亿万星辰聚银河，世人难知有几多。神机妙算巧安排，笑向繁星任高歌。"

"银河-Ⅰ"巨型机Ⓢ

1992 年 11 月，"银河-Ⅱ"10 亿次通用并行巨型机问世，仿真能力 10 倍于"银河-Ⅰ"。"银河-Ⅱ"巨型机实现了从向量巨型机到并行处理巨型机

"银河-Ⅱ"巨型机ⓢ

"银河-Ⅲ"巨型机ⓢ

的跨越,整体性能在当时处于国际领先地位。1994年,"银河-Ⅱ"巨型机在国家气象局投入正式运行,用于中期天气预报。

1997年6月,"银河-Ⅲ"百亿次并行巨型机研制成功。该机采用分布式共享存储结构,面向大型科学、工程计算和大规模数据处理,基本字长64位,峰值计算速度达到130亿次。2000年,由1024个CPU组成的"银河-Ⅳ"超级计算机问世,峰值计算速度达到每秒1.0647万亿次浮点运算,其各项指标均达到当时国际先进水平。

中国在发展"银河"系列巨型机的同时,根据1986年3月启动实施的"高技术研究发展计划"(即863计划),又研发了"曙光"系列计算机。1992年,国家智能计算机研究开发中心研制成功"曙光一号"全对称共享存储多处理机,这是国内首次以基于超大规模集成电路的通用微处理器芯片和标准UNIX操作系统设计开发的并行计算机,峰值速度达每秒6.4亿次。"曙光一号"的知识产权折价2000万人民币,以此吸引资金成立了曙光信息产业有限公司。

1995年,曙光公司推出"曙光1000"计算机,峰值速度达每秒25亿次。1997至1999年,曙光公司先后推出"曙光1000A"、"曙光2000-Ⅰ"、"曙光2000-Ⅱ"超级服务器,峰值计算速度突破每秒1000亿次。2004年,由中国科学院计算所、曙光公司、上海超级计算中心三方共同研制的"曙光4000A"计算机实现了每秒10万亿次的运算速度。2008年9月,"曙光5000A"计算机在天津下线,实现峰值速度230万亿次,可以完成各种大规模科学工程计算和商务计算。2009年6月,"曙光5000A"计算机正式落户上海超级计算中心。

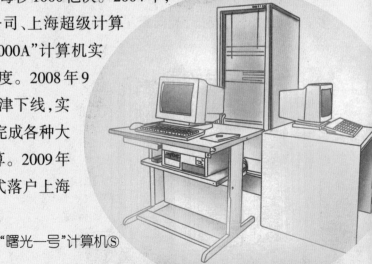

"曙光一号"计算机ⓢ

"天河一号"超级计算机©

　　超级计算机是世界高新技术领域的战略制高点,是体现科技竞争力和综合国力的重要标志。各大国均将其视为国家科技创新的重要基础设施,投入巨资进行研制开发。2009年10月29日,中国国防科技大学计算机学院研制的中国第一台千万亿次超级计算机"天河一号"在湖南长沙亮相。"天河一号"的峰值速度达到每秒1206万亿次双精度浮点运算,这标志着中国成为继美国之后世界上第二个能够自主研制千万亿次超级计算机的国家。"天河一号"超级计算机在系统结构、容错技术、互联通信等方面均有创新。

　　超级计算机TOP 500排行榜是全世界最权威的超级计算机排行榜,它以计算机实测速度为基准,每年发布两次。在2010年11月14日发布的排行榜中,改进后的"天河一号"超级计算机排名全球第一。2013年11月18日,中国国防科技大学研制的"天河二号"超级计算机以比第二名(美国的"泰坦"超级计算机)快近一倍的速度再度登上榜首。"天河二号"超级计算机以达到每秒5.49亿亿次的峰值计算速度,成为当今世界上运算速度最快的超级计算机,综合技术处于国际领先水平。

"天河二号"超级计算机©

# 1983—1984 年
# 采用图形用户界面的苹果 Lisa、Macintosh 问世

我们现在操作计算机时，只要双击显示屏上的一个图标，该图标对应的程序就立刻被打开，非常方便快捷。然而，早期的个人计算机是没有图形用户界面的，需要用键盘输入一条条命令。例如，在 DOS 操作系统中想要显示磁盘上的文件目录，就要输入命令 dir。那么，图形用户界面是怎么诞生的？有哪些人或公司在其发展历程中起了关键作用？

苹果计算机公司 1976 年推出了以电视机作为显示器的 Apple Ⅰ，1977 年又推出了更加先进的 Apple Ⅱ。此后，公司加快了新产品的开发进程，其中最重要的两个项目是由乔布斯负责的 Lisa 和由拉斯金负责的 Macintosh。

乔布斯的女儿丽莎（Lisa）出生于 1978 年 5 月，当时乔布斯年仅 23 岁。虽然已经颇有积蓄，但乔布斯矢口否认丽莎是自己的孩子，甚至不惜在法庭上自称无生育能力。两年后，乔布斯终于承认女儿是他的。不过，Lisa 计算机不一定是以乔布斯的女儿命名的，Lisa 也可能是 Local Integrated Software Architecture（本地集成软件架构）的首字母缩写。究竟哪个为真，现已无法考据。

乔布斯的女儿丽莎①

拉斯金，美国计算机科学家。他曾经一边在纽约州立大学石溪分校读数学物理，一边在宾夕法尼亚州立大学读计算机；读到一半时，他觉得理科太枯燥，于是又抽空去加州大学圣迪戈分校学习音乐。拉斯金 1978 年加入苹果计算机公司，1979 年有了一个与众不同的创意：开发一款廉价的易用型计算机。随即，拉斯金带领一个研发小组朝着自己的构想迈进。拉斯金最钟爱的苹果品种叫 McIntosh，他起初想以此为新项目命名。后来，为了避免与音频设备制造商麦

McIntosh 苹果①

金托什实验室（McIntosh Laboratory）的名字起冲突，他稍稍改变了字母的拼写，成为Macintosh。

Lisa计算机①

1973年4月，施乐公司帕克研究中心研发出了第一台使用图形用户界面的个人计算机Alto，首次将所有的元素都集中到图形用户界面上。乔布斯在参观施乐公司的Alto计算机时，见到了它的交叠窗口、小图标和弹出菜单，从中得到启发，回去之后就抓紧开发出了更健全的系统，用于Lisa计算机。新系统不仅拥有Alto的图形用户界面，还增加了下拉菜单、桌面拖曳、工具条、系统菜单和非常先进的复制粘贴功能。Lisa计算机具有16位的CPU，配备了鼠标、硬盘，并随机捆绑了7个商用软件，是一款具有划时代意义的计算机。1983年1月，Lisa计算机以9995美元的身价初次露面。

虽然Lisa计算机在技术上十分先进，但它在市场表现上却不能让人满意。因为此时，苹果计算机公司在个人计算机业务上遇到了强大的竞争对手——"蓝色巨人"IBM公司。IBM PC装有Intel公司的新型处理器8088，运行微软公司的操作系统PC-DOS，而售价只有1565美元，一经问世即成为大热门，抢掉了苹果计算机3/4的市场。过于昂贵的价格和缺少软件开发商的支持，使Lisa计算机失去了获得更多市场份额的机会。1986年，Lisa项目被终止。

Lisa计算机的主板①

1981年，乔布斯开始关注拉斯金的Macintosh项目，打算将图形用户界面也用到这个系统中。此时，拉斯金的项目已初见成效，他希望计算机的售价不超过1000美元，还发明了鼠标的"点击"和"拖拉"两项操作，让"小老鼠"变得十分灵活。但是，乔布斯是固执的完

美主义者,他坚持认为,苹果的产品不能一出厂就自降身份,摆出平价的面孔去迎合消费者,它必须"高贵而尖端"。

乔布斯以老板的身份宣布接管 Macintosh 项目。获得项目团队的控制权后,乔布斯亲自参与了机器的外观设计等工作。1982年,脾气执拗的拉斯金愤然提出辞职,离开了苹果计算机公司。不过,他一手打造的研发团队还是沿着他的构想,在1984年推出了具有划时代意义的 Macintosh 计算机,售价2495美元。Macintosh 计算机采用的操作系统 System 1.0 已经具有了桌面、窗口、图标、光标、菜单和卷动栏等项目,与当时

拉斯金①

采用 DOS 命令、纯文本用户界面的 IBM PC 形成了鲜明的对照,领先了足足一代。

Macintosh 计算机的图形界面已经有了现今操作系统的一些特点:插入磁盘时可以直接在桌面上被看到,方便存取文件;双击磁盘图标可以打开一个文件窗口,同时伴随着缩放效果;文件和文件夹都可以被拖曳到桌面上,还可以通过拖曳来拷贝或移动文件;默认状态下,文件夹以图标方式查看,可以根据文件大小、名字、类型或日期来排序,通过点击图标下面的名称,还可以对文件重命名。

Macintosh 计算机的出现引发了计算机世界的一场革命,开发 DOS 的微软公司立即投入巨资研发 Windows 操作系统,从此个人计算机的操作系统进入了图形用户界面的新时期。但是,苹果计算机走了一条封闭式的道路,不允许其他厂商制造兼容机。如果当时开放了 Macintosh 的硬件技术,IBM PC 及其兼容机还会不会称霸个人计算机市场呢?

1999年11月22日,美国《财富》杂志发表了一篇题为《本世纪的杰出产品》的文章,信息技术类只有两个产品跻身其中,一个是 Intel 公司的微处理器,另一个就是 Macintosh。但是,客观地说,Macintosh 的成功至少有一半应归功于 Alto。

Macintosh 计算机①

# *1985* 年
# CD-ROM 问世

当我们想要听高保真音乐、欣赏电影或用计算机存取数据时,常常会用到光盘。在人类文明的发展中,纸的发明极大地促进了文明的进步,而从信息存储的角度看,光盘完全可以看成一种新型的纸。最早用于记录计算机数据的光盘是CD-ROM。一张小小的塑料圆盘,其直径不过120毫米,重量不过20克,而存储容量却高达660MB。如果单纯存放文字,一张CD-ROM相当于15万张16开的纸,足以容纳数百部大部头的著作。这种高容量设备是如何发明的呢?

飞利浦VPL720激光视盘播放器◎

研究人员发现,激光通过聚焦后,可获得直径约为1微米的光束,用来在塑料盘片上写入和读出信息。最早使用激光光束来进行记录和重放信息研究的是荷兰飞利浦公司,它1978年投放市场的最初产品是激光视盘,即LD。LD的直径为12英寸,两面都可以记录模拟信号。由于事先没有制定统一的标准,LD的开发和制作成本非常昂贵。

1979年,飞利浦公司和索尼公司合作,共同研制激光数字唱盘,即CD-DA。飞利浦公司主要进行物理设计,索尼公司则主要进行数字模拟电路的设计,特别是数字编码和纠错码设计。CD-DA记录数据的方法与LD系统不同,它首先把模拟的声音信号进行脉冲编码调制的数字化处理,再经过编码之后记录到盘片上。数字记录代替模拟记录,可以明显地降低干扰和噪声。1982年,两家公司发布了CD-DA标准,因发布文档的封面为红色,俗称红皮书标准。红皮书标准包括声音的记录、采集规范等,并把光盘的直径定为120毫米(4.72英寸)。据说确定这个光盘尺寸,是因为它可以容

CD-DA盘片©

纳时长大约70分钟的贝多芬第九交响曲的全部内容。

CD-DA开发成功以后,研究人员想到,可以利用光盘作为计算机的大容量存储器。不过,这需要解决两个重要问题:一是建立适合于计算机读写的光盘数据结构,二是误码率必须从$10^{-9}$降低到$10^{-12}$以下。于是产生了一种在计算机上使用的能够存储大量数据的外部存储媒体——CD-ROM,即只读光盘。

CD-ROM驱动器ⓦ

1985年,飞利浦公司和索尼公司发布了CD-ROM的黄皮书标准。黄皮书标准的核心思想是:光盘上的数据以数据块的形式来组织,每个数据块都带有地址。这样做的好处是,能从几百兆字节的存储空间上迅速找到所需的数据。为了降低误码率,标准中还增加了错误检测和错误校正的方案。

CD-ROM通常由一张母盘压制而成,然后封装到聚碳酸酯的保护外壳里。盘片表面有许多微小的坑,那就是记录的数字信息,这些信息数据呈螺旋状由中心向外散开。这种光盘只能写入数据一次。

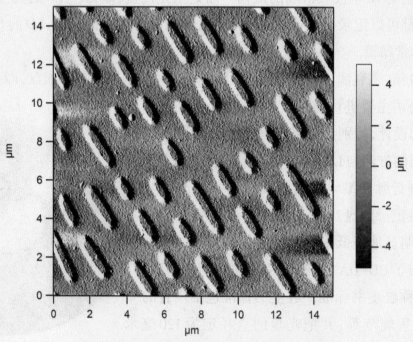

原子力显微镜拍摄到的CD-ROM盘片表面Ⓘ

CD-ROM激光系统分解①

DVD驱动器内部结构ⓦ

　　读取CD-ROM的设备称为CD-ROM驱动器。当驱动器内的激光束扫描光盘时,根据激光在小坑上的反射变化就可以得到数字信息。CD-ROM驱动器的标准传输速率是150K字节/秒,后来驱动器的传输速率越来越快,就出现了2倍速、4倍速、8倍速等,目前一般能达到56倍速。因为存储在CD-ROM上的数据是以激光读取的,并非传统的磁性读取方式,所以CD-ROM可保存数十年。

　　黄皮书标准确立了CD-ROM的物理结构,为了使它能在计算机上完全兼容,后来又制订了CD-ROM的文件系统标准,即ISO 9660。有了这两个标准,CD-ROM在全世界范围内得到了迅速推广,逐渐成为计算机的标准配置。

　　随着技术的发展,1990年代出现了数字多功能光盘,即DVD。DVD的存储容量更大,从3.95GB一直扩充到9.4GB,在数据格式上兼容CD-ROM,而且图像清晰度更高,高保真效果也更好。读取DVD的设备称为DVD驱动器,现在已取代CD-ROM驱动器成为计算机的标准配置。

　　2006年,采用波长405纳米的蓝色激光光束来进行读写操作的蓝光光盘,即BD也进入了我们的生活中。一张单层BD的容量为25GB或27GB。2010年6月制订的BDXL标准,则可以支持100GB和128GB的BD。

BD盘片ⓦ

# 1985年
# 微软公司发布 Windows 1.0

现在,绝大部分个人计算机装载的操作系统都是微软公司的 Windows 操作系统。当你轻点鼠标或敲击键盘,使用着各种各样的 Windows 程序时,是否想过:为什么 Windows 能够垄断操作系统市场？最初的 Windows 操作系统是什么样子的？它又是怎样一步步达到现今如日中天的地位的呢？

乔布斯(左)与盖茨(右)①

1981年,苹果计算机公司的乔布斯邀请微软公司的比尔·盖茨商谈合作,给盖茨看了 Macintosh 计算机和基于图形用户界面的操作系统,并请他为苹果计算机公司开发应用软件。那一年,两人都是26岁。刚刚拿下 IBM 公司操作系统大合同的盖茨惊呆了,因为苹果计算机公司的操作系统比他的 DOS 强了不知多少倍。

盖茨非常看重连接用户和计算机的操作系统。然而,微软公司的 DOS 不能直接访问 640KB 以上的内存,而且它的任务管理是串行的,无法同时完成多个任务。盖茨意识到,图形用户界面是操作系统的发展趋势,微软公司必须迎头赶上。他邀请了许多操作系统专家助阵,悄悄地开发基于图形用户界面的 Windows 操作系统。他还以每个拷贝5美元的低价将 DOS 预装在 IBM PC 上,并且不断地对 DOS 进行升级以争取时间,也使用户产生对微软操作系统的依赖。

1985年11月,微软公司终于发布了 Windows 1.0,但它实际上并非真正的操作系统,更像是一个基于 MS-DOS 2.0 操作系统的应用软件。在 Windows 1.0 中,鼠标的作用得到了特别重视,用户可以通过点击鼠标完成大部分的操作。Windows 1.0 还自带了一些简单的应用程序,包括日历、记事本、计算器等等。它的另外一个显著特点就是允许用户同时执行多个程序,并在各个程序之间进行切换,这对于 DOS 来说是不可想象的。Windows 1.0 可以显示256种颜色,窗口可以任意缩放,当窗口最小化的时候桌面上会有专门的空间放置这些窗口,相当于

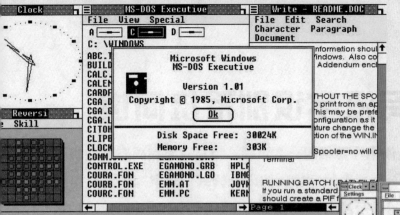

现在的任务栏。虽然Windows 1.0的功能不算十分强大,但是它将枯燥繁琐的计算机命令变成了生动的图形,为计算机的普及奠定了

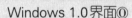

Windows 1.0界面①

重要基础,也开启了微软公司图形用户界面操作系统的先河。Windows 1.0的设计风格也深深影响了后续的Windows系列操作系统,它包含的控制面板、日历、记事本、计算器等组件已成为Windows系统的标准配置。

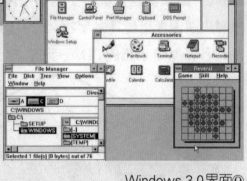

Windows 3.0界面①

　　1990年5月,Windows 3.0发布。虽然它仍然基于DOS操作系统,但是微软公司为它加入了程序管理器图标,使它在界面、人性化、内存管理等多方面有了巨大改进,终于获得用户的认同。1992年,Windows 3.1发布,它突破了DOS在使用计算机硬件资源上的限制,在最初的2个月内销售量就超过了100万份,成为首款真正流行起来的Windows。至此,微软公司的资本积累和研究开发进入了良性循环。

　　1995年,微软公司终于推出了独立于DOS的Windows 95操作系统。Windows 95是一个重大突破,它专注于桌面,几乎为所有应用添加了图标,并且自带了IE浏览器等,迅速占领了全球个人计算机市场。消费者排队购买Windows 95,就像现在排队购买iPhone一样。1998年,Windows 98操作系统面世,这是微软公司历史上影响时间最长、最成功的操作系统之一。在此基础上,Windows 98第2版(SE版)及千年版(ME版)陆续诞生,接着是Windows 2000。此后,微软公司又陆续推出经典之作Windows XP、半透明的Windows Vista、更加稳定的Windows 7及Windows 8等操作系统,一个软件帝国巍然耸立。

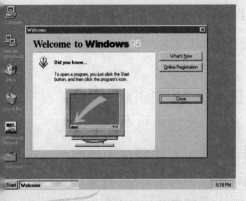

Windows 95首次启动的界面①

# 1985年
# 中国联机手写汉字识别系统问世

　　输入汉字一直是中国人使用计算机的一大难题。自从汉字编码方案发明以来，熟记编码、用键盘输入，一度成为汉字输入的唯一模式。汉字编码主要包括音码、形码及其混合类型。对于普通人来说，掌握音码需要有汉语拼音基础，掌握形码则需要记住许多字根，学习起来都有一定困难。随着微电子技术的发展，各式各样新奇小巧的PDA、手机、电子书阅读器、信息家电等产品被制造出来，这些产品几乎袖珍到容不下键盘的程度。而不管音码还是形码，都是基于键盘输入的。有没有新的汉字输入方法呢？

数字化仪①

　　会写字的人有很多，但这些人中有相当一部分不会用键盘输入汉字。在越来越强烈的需求下，一种新的汉字输入技术——联机手写汉字识别技术诞生了。联机手写汉字识别有时叫做"笔（式）输入"，就是用笔把汉字"写"在一块与计算机相连的专用设备（如数字化仪、手写板等）上，而不是用键盘"敲"入计算机。用笔把字直接"写"入计算机，符合人们平时书写的习惯，满足汉字实时输入的要求。计算机实时地将汉字书写的整个过程记录下来，转化为与时间有关的点序列，然后根据点与点之间的时间间隔长短及点与点之间的方向变化，进行自动识别，转化为汉字编码。

　　1981年，IBM公司推出了第一套较为成熟的联机手写汉字识别系统。该系统是基于对汉字进行笔画、字根编码的思想进行识别的。系统中每个汉字用72种字根拼成，而每个字根又可分解为42种笔画的组合，通过对笔画和字根的判定识别所输入的汉字。通过对字根进行编码树表示，系统对通常的笔顺变化具有一定的容错能力。当时做了一个实验，使用工整楷体书写，920个汉字的识别率达到91.1%。

1984年，中国科学院自动化研究所文字识别实验室开始进行联机手写汉字识别的研究与开发，该项目由计算机科学家刘迎建研究员主持。1985年，中国第一套联机手写汉字识别系统——

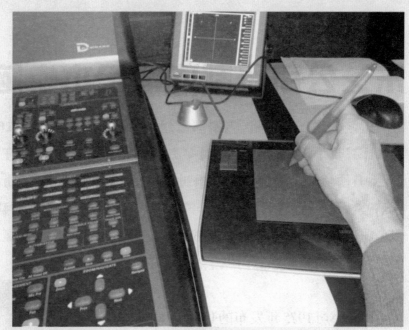

手写板①

汉王联机手写汉字识别系统研制成功，开创了全新的汉字手写识别领域。1988年，联机手写汉字识别系统"汉王"第3版由中自智能系统公司正式推向市场，并于1990年获得了国家发明专利。该系统采用了对笔段进行基于位置关系的排序方法，摆脱了对笔顺的依赖。对于熟练用户的手写正楷汉字，识别率可达95%以上，已经具有了一定的实用性。

1993年，汉王科技公司成立，刘迎建出任总裁。当年，汉王公司推出了第一代产品电阻压力板。1994年，汉王公司开始研发第二代产品有线电磁感应式手写板。1998年，有线有压感串口手写板问世。2001年，无线有源压感板研制成功，去掉了笔和手写板之间的连线。2002年6月，无线无源的"超能大将军"问世。汉王公司的手写识别技术也得到了系统化提升，由最初只能识别工整的字体，发展到可以识别连笔、潦草的字体；从只能识别汉字，发展到能够识别英文、意大利文、俄文等语种。

刘迎建©

2001年，"汉王形变连笔的联机手写汉字识别方法与系统"荣获国家科技进步一等奖，这是中国科技界的最高荣誉。

# 1986年
# 东芝公司研制成笔记本电脑

现在一说到计算机,大家都会想到台式计算机、笔记本电脑、掌上电脑等。台式计算机个头较大,一般由几个大的铁盒子构成,通常放在工作桌上的某个位置,不方便移动。笔记本电脑相对小巧,又轻又薄,便于移动。自从计算机诞生以来,人们就一直没有间断对计算机便携化的尝试。出于对移动计算的需求,许多公司也开始了便携式计算机的研发。笔记本电脑是如何诞生的呢? 是不是只要把台式计算机缩小就可以了?

IBM公司1975年发布的IBM 5100应该是最早尝试便携化的计算机雏形,它的出现甚至比个人计算机还早了6年。IBM 5100重约23千克,以现在的眼光看来,它的体积和重量远称不上便携。但要知道,就在它诞生的六七年前,同样配置64KB存储器、内置磁带驱动器、可外接打印机的一台计算机,重量达

IBM 5100①

到450千克。当时,能和IBM 5100媲美的计算机非常罕见。这是台功能齐备的系统,内置显示器、键盘和数据存储器,最高配置的价格达到近20 000美元。它是专门为专家设计、用来解决科学计算问题的,而不是像今天这样面向商业用户和所有爱好者的。

1981年4月,Osborne计算机公司研制成世界上第一台手提式计算机 Osborne 1。它重约10.7千克,配置64KB存储器和4MHz处理器,售价1795美元。它有一个超袖珍的内置显示屏,以及两个5英寸软磁盘驱动器,采用CP/M操作系统,还装有字处

Osborne 1①

理软件、电子表格软件等。

　　媒体公认的世界上第一款笔记本电脑是1986年东芝公司推出的T1100。T1100采用Intel 8086处理器,主频不到1MHz,内存512KB,并带有9英寸的单色显示屏,没有硬盘。

　　T1100首次将电脑主机与显示器无缝结合在一起,大小为12英寸×2英寸×11英寸,整机重2.9千克。因为它的体积和16开笔记本的大小差不多,所以被称为笔记本电脑。T1100推出

东芝T1100①

后,立刻引起业界人士的广泛关注,给各计算机厂商带来了新的设计灵感,笔记本电脑竞争的序幕由此拉开。

　　1992年10月,IBM公司推出了ThinkPad 700C,它比T1100更像现今的笔记本电脑。ThinkPad的意思是"会思考的本子"。据说在电脑研发成功后的一次命名会上,当时的项目负责人随手把一个封皮上印有Think这个词的小本子扔到桌上,所有人的目光都随着这个小小的黑色本子在空中划过,ThinkPad的名称便由此诞生。ThinkPad 700C主要配置为Intel 80486SL处理器(主频25MHz)、10.4英寸TFT彩色液晶显示器(分辨率640×480)、4MB内存(可扩展至16MB)、120MB硬盘,重3.5千克。它还在键盘当中嵌入了一个小红帽以替代外接鼠标,这就是大名鼎鼎的TrackPoint。

ThinkPad标识①

TrackPoint①

# 1987年
# CANET 建成中国第一个因特网电子邮件节点

中国的计算机及网络产业起步较晚，但在因特网开始商业化运作不久，中国就完成了接入，从此因特网开始在中国高速普及。中国接入因特网经历了怎样的坎坷？中国的第一封电子邮件是怎样发出的？

西门子BS2000ⓦ

1980年代，计算机在美国对华贸易的禁售名单内，很多器材和高端设备不能出口到中国，但西门子的计算机不受此限。世界银行从"中国大学发展计划2"中划拨了1.45亿美元，帮助中国从联邦德国进口了19台西门子BS2000大型计算机。

1986年，中国兵器工业部计算机应用技术研究所开始实施中国第一个因特网项目——CANET（中国学术网），主持研究工作的是被誉为"中国因特网之父"的计算机科学家钱天白教授，项目合作伙伴是联邦德国卡尔斯鲁厄大学。当时卡尔斯鲁厄大学的信息系主任是措恩教授。1984年8月2日，措恩领导的德国课题组成功实现了与美国计算机科学网的对接，并发送了德国的第一封电子

措恩①

钱天白Ⓢ

邮件,措恩因此被尊称为"德国因特网之父"。1987年9月,在措恩的协助下,CANET在兵器工业部计算机应用技术研究所内正式建成中国第一个因特网电子邮件节点。

1987年9月14日,两国科学家共同起草了中国的第一封电子邮件,标题和内容均由英、德双语写成,这就是后来知名的"越过长城,走向世界"邮件。不料,这封电子

```
Date:  Mon, 14 Sep 87 21:07 China Time
Received: from Peking by unikal; Sun, 20 Sep 87 16:55 (MET dst)

"Ueber die Grosse Mauer erreichen wir alle Ecken der Welt"
"Across the Great Wall we can reach every corner in the world"

Dies ist die erste ELECTRONIC MAIL, die von China aus ueber
Rechnerkopplung in die internationalen Wissen-schaftsnetze geschickt
wird.
This is the first ELECTRONIC MAIL supposed to be sent from China into
the international scientific networks via computer interconnection
between Beijing and Karlsruhe, West Germany
(using CSNET/PMDF BS2000 Version).

University of Karlsruhe       Institute for Computer Application
- Informatik                  of State Commission of Machine
Rechnerabteilung -            Industry
(IRA)                         (ICA)
Prof. Dr. Werner Zorn         Prof. Wang Yuen Fung
Michael Finken                Dr. Li Cheng Chiung
Stephan Paulisch              Qui Lei Nan
Michael Rotert                Ruan Ren Cheng
Gerhard Wacker                Wei Bao Xian
Hans Lackner                  Zhu Jiang
                              Zhao Li Hua
```

中国第一封电子邮件的内容⑨

邮件从北京发出后却出了问题。问题出在邮件服务器上,PMDF协议中的一个漏洞导致了死循环。措恩教授的助手芬肯与在北京留守的卡尔斯鲁厄大学研究人员共同努力,克服了工作时差等多方障碍,用软件弥补了漏洞。9月20日,这封邮件通过意大利公用分组网ITAPAC设在北京的PAD机,经由意大利ITAPAC和联邦德国DATEX-P分组网,终于穿越了半个地球抵达卡尔斯鲁厄大学的一台计算机,通信速率为300位/秒。这揭开了中国人使用因特网的序幕。

1990年11月,钱天白教授代表中国正式注册登记了中国的顶级域名CN,从此中国的网络有了自己的身份标识。由于当时中国尚未实现与因特网的全功能连接,中国顶级域名服务器暂时建在了卡尔斯鲁厄大学。1994年4月,中国与因特网实现全面互联互通。同年5月,中国科学院计算机网络信息中心完成了中国顶级域名服务器的设置。中国正式成为第77个真正拥有全功能因特网的国家。

卡尔斯鲁厄大学①

# 1989年
# 计算机声卡问世

当英国计算机科学家巴比奇发明计算机的前身——分析机的时候,拜伦勋爵的女儿阿达·洛芙莱斯就预言:"这台机器总有一天会演奏出音乐来的。"在其后的计算机发展历程中,人们一直努力探索利用计算机来进行声音处理。昔日的梦想如今早已成真,我们可以方便地用计算机听音乐、录声音,或进行语音聊天。所有这一切都离不开计算机声卡。

麦克风采集声音⑦

自然界中的声音是一种连续的波,属于模拟信号,麦克风采集的就是模拟信号。计算机所能处理的是数字信号,要把声音信号存储到计算机中,就必须把连续变化的波形模拟信号转换成数字信号。声卡也叫音频卡,是计算机采集和播放声音、实现声波和数字音频相互转换的一种硬件。声卡的基本功能是把来自麦克风、磁带、光盘的原始声音信号加以转换,输出到耳机、扬声器、扩音机、录音机等音响设备,或通过音乐设备数字接口(MIDI)使电子乐器发出美妙的声音。

1989年,新加坡的创新科技公司推出了用于个人计算机的第一块声卡产品——声霸卡(SoundBlaster)。声霸卡拥有8bit的量化位数和单声道模拟输出功能,它的出现是一个里程碑,标志着计算机从此"能说会道"了。

声卡从结构上可分为模数转换电路和数模转换电路两部

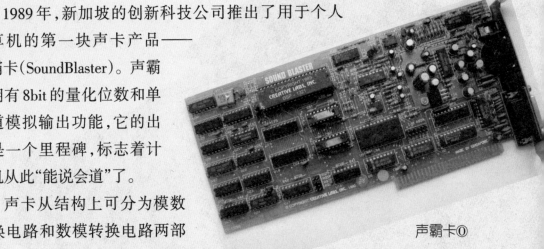

声霸卡①

分,模数转换电路负责将麦克风等声音输入设备采集到的模拟声音信号转换为计算机能处理的数字信号;而数模转换电路负责将计算机处理的数字声音信号转换为扬声器等输出设备能使用的模拟信号。不过,第一块声卡产品不能发出很真实的声音,一些人认为这只是一场闹剧。

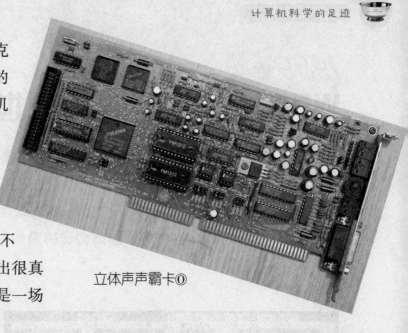

立体声声霸卡①

1991年,创新科技公司又推出立体声声霸卡(SoundBlaster Pro),将单声道模拟输出扩展为立体声模拟输出,这很快被认定为多媒体个人计算机的声卡标准。随后,创新科技公司再接再厉,不断提升声卡的技术指标,推出了一系列新型声霸卡产品。创新科技公司在声卡界的地位就如同CPU界的Intel公司及软件界的微软公司,成为行业中的翘楚。

声卡发展至今,主要可分为板卡式、集成式和外置式三种接口类型,以适应不同用户的需求,三种类型的产品各有优缺点。板卡式声卡是市场上的中坚力量,拥有更好的性能,支持即插即用,安装使用都很方便,产品涵盖低、中、高各档次,售价从几十元至上千元不等。集成式声卡集成在主板上,具有不占用PCI接口、成本低廉、兼容性好等优势,能够满足普通用户的绝大多数音频需求,占据了声卡市场的半壁江山。外置式声卡通过USB接口与计算机连接,具有使用方便、便于移动等优势,可以让笔记本电脑输出的声音有更好的音质。

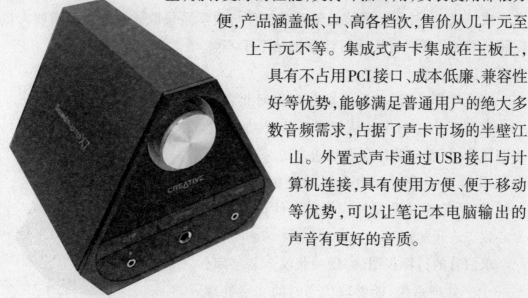

X7 USB声卡①

# 1989年

# WPS文字处理软件问世

文字是语言的载体。在信息时代,人们往往需要在计算机上处理大量的文字,对它们进行增加、删除、查询等操作。说到文字处理软件,现在大部分人第一个想到的是Word,这是微软公司Office办公软件套装中最常用的一个软件。虽然Office的普及度更高,但中国人自己研发的办公软件毫不逊色,其中最为知名的便是WPS。

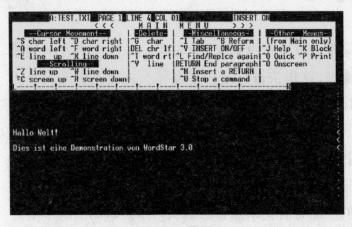

WordStar界面©

1980年代是计算机界的一个英雄辈出的年代,一位程序员凭着自己开发的源程序就可以创办公司,成就自己的事业与名声。在这群程序员中,有一个人被称为中国第一程序员,他的名字叫求伯君。1980年,求伯君高考数学成绩满分,被国防科技大学系统工程与数学系录取。系统工程需要大量使用计算机,求伯君从此与计算机结下了不解之缘。

1984年毕业后,求伯君被分配到河北省的一个仪器厂。1986年他从仪器厂辞职,加盟北京四通公司,次年调往深圳四通公司。在深圳,求伯君结识了香港金山公司的老板张旋龙。1988年,香港金山公司答应提供条件让求伯君专心致志地开发软件。

求伯君的目标很明确:做一张汉卡装字库,写一个字处理系统,能够取代当时的文字处理软件王者——WordStar。为了实现这个目标,从

求伯君①

1988年5月到1989年9月,求伯君把自己关在深圳的一个房间里,只要醒着就不停地写。什么时候困了,就睡一会儿,饿了就吃方便面。在这封闭的环境里,求伯君写下了十几万行的程序。

金山软件有限公司©

1989年,求伯君研制的中国第一套文字处理软件WPS 1.0发布了。WPS 1.0运行于DOS操作系统,集编辑与打印功能于一体,提供了各种控制输出的格式,打印出的文稿能够基本满足文字工作者的要求。WPS软件超越了当时WordStar等同类产品,得到了极其广泛的应用。因为有市场需求,WPS没有做广告,仅仅凭口碑就火了起来,一年卖出了3万多套,每套批发价2200多元。1990年,WPS占领了中文文字处理市场90%的份额,并被指定为联合国五国工作语言中的中文文字处理软件。

1994年,香港金山公司为求伯君提供资金,成立了珠海金山电脑有限公司,后来发展成为金山软件有限公司。就在这一年,微软公司携技术、品牌和资金的优势,以Office办公软件套装杀入中国市场。1996年,随着Windows操作系统的普及,Office中的Word逐渐取代了WPS在中文文字处理软件市场的霸主地位。

面对这一形势,金山公司奋起直追,开发了运行于Windows操作系统的WPS Office办公软件套装,可以实现办公软件常用的文字、表格、演示等多种功能。金山公司在政府采购中多次击败微软公司,中国大陆很多政府机关部门、企业都装有WPS Office办公软件。此外,金山公司还开发了金山词霸、金山毒霸等优秀软件,为中国软件产业的发展作出了重要贡献。

WPS Office办公软件©

# 1990年
# 第一代多媒体个人计算机标准发布

声卡的出现,不仅标志着计算机具备了音频处理能力,也标志着计算机的发展进入了一个崭新的阶段。在此之前,计算机处理的信息通常仅限于文本和数字,人机之间的交互也只能通过键盘和显示器,交流信息的途径缺乏多样性。为了让计算机能够对声音、图像、视频等多媒体信息进行综合处理,人们发明了多媒体计算机。多媒体计算机中,使用最广泛的是多媒体个人计算机,简称MPC。

不断提升的硬盘容量Ⓨ

多媒体技术是利用计算机对文本、声音、图形、图像、动画、视频等多种媒体信息进行采集、存储、加工或集成处理,建立逻辑关系和人机交互作用的技术。多媒体技术的发展引起了计算机界的又一次革命,使计算机由办公室、实验室中的专用品变成了信息社会的普通工具,广泛应用于工业生产管理、学校教育、公共信息咨询、商业广告,以及家庭生活与娱乐等领域。

多媒体个人计算机就是具有多媒体处理功能的个人计算机,它的硬件结构与一般的个人计算机并无太大差别,只是多了一些处理声音、图像、视频的软硬件,来实现多媒体处理功能。1990年,微软、IBM等计算机厂商联合成立了多媒体计算机市场协会,以进行多媒体标准的制订和管理。同年11月,第一代MPC标准发布,对多媒体个人计算机及相应的硬件规定了必需的技术规格,要求所有使用MPC标志的多媒体产品都必须符合该标准的要求。第一代MPC标准规定,多媒体个人计算机应包括5个基本组成部件:个人计算机、CD-ROM驱动器、声卡、Windows操作系统、音箱或耳机,同时对主机的CPU性能、内存(RAM)容量、外存(硬盘)容量及屏幕显示能力也有相应的限定。

1990年代,用户如果想拥有多媒体个人计算机,一般有两种途径:一是直接购买具有多媒体功能的PC机，二是在基本的PC机上增加CD-ROM驱动器、声卡等多媒体插件。现在的个人计算机绝大多数都具有了多媒体功能。

| 项目 | MPC-1 | MPC-2 | MPC-3 |
|---|---|---|---|
| 制订时间 | 1990年 | 1993年5月 | 1995年6月 |
| RAM | 2MB | 4MB | 8MB |
| CPU | 16MHz 386SX | 25MHz 486SX | 75MHz Pentium |
| 硬盘容量 | 30M | 160M | 540M |
| CD-ROM | 150KB/s 1s | 300KB/s 400ms | 600KB/s 200ms |
| 声卡 | 8bit | 16bit | 16bit |
| 显示 | 640×480 | 640×480 | 640×480 |
| 视频播放 | / | / | 325×240×30 |
| 输入输出 | MIDI | MIDI | MIDI |

随着计算机和多媒体产品性能的不断提升，MPC标准也不断更新。1993年5月，多媒体计算机市场协会对MPC标准中的大部分规定进行了调整，发布了多媒体个人计算机的新标准，即MPC-2标准，原来的MPC标准被称为MPC-1标准。后来，该组织更名为多媒体个人计算机工作组，并于1995年6月公布了MPC-3标准，再一次提升了软硬件的性能指标。3个标准的部分内容见右上表。

MPC标准的发布促进了多媒体计算机的发展，计算机逐渐具有了强大的多媒体信息处理能力，成为人类进行信息表达和交流的重要工具。展望未来，网络技术和计算机技术相交融的交互式多媒体将成为21世纪的多媒体发展方向。交互式多媒体不仅可以从网络上接受信息、选择信息，还可以发送信息，而且这些信息是以多媒体的形式传输和呈现的。大容量光盘存储器、国际互联网和交互电视……这些多媒体新技术正迅速渗透到人们工作、生活的方方面面，它们必将改变人们互相通信和交流的方式。

多媒体计算机Y

# *1991* 年
# 伯纳斯-李开发出万维网

　　因特网在1983年就正式诞生了，但它并没有迅速流传开来，仅仅存在于大学和研究所之中。在那个时候，接入因特网需要经过一系列复杂的操作，网络的权限也很分明，而且网上内容的表现形式非常单调枯燥，难以普及开来。有什么办法可以简化网络的操作，使得没有任何网络经验的人也能够轻松上网查看页面呢？

　　伯纳斯-李，英国计算机科学家。他1976年毕业于牛津大学王后学院，后到欧洲核子研究中心（CERN）工作。在1989年，CERN是全欧洲最大的因特网节点。

　　伯纳斯-李发现，随着研究工作的进展，很难找到相关的最新资料。1989年3月，伯纳斯-李撰写了《关于信息化管理的建议》一文，描述了一个精巧的信息管理模型。当年夏天，伯纳斯-李成功开发出世界上第一个Web（网络页面）服务器和第一个Web客户机。这个Web服务器非常简陋，只是允许用户进入CERN的主机以查询每个研究人员的电话号码，相当于CERN的电话号码簿。它并不像今天的Web页面那样丰富多彩且功能强大，但它实实在在是一个所见即所得的超文本浏览/编辑器。超文本是将不同文字信息组织在一起的一种形式，可显示文本及与文本之间相关的

欧洲核子研究中心成员国（蓝色）、申请中
成员国（绿色）和准成员国（黄色）◎

万维网宣传画①                                    第一台Web服务器①

内容。超文本的文字中包含有可以跳转到其他位置或者文档的链接,允许从当前阅读位置直接切换到超文本链接所指向的位置。最常用的超文本编辑语言即人们熟知的HTML。

1989年12月,伯纳斯-李为他的发明正式定名为World Wide Web(万维网,简称WWW)。1990年12月25日,他在CERN的实验室里开发出了世界上第一个网页浏览器。1991年8月,伯纳斯-李在因特网上首次发布万维网,立即引起轰动,获得了极大的成功。

万维网通过超文本方式,把因特网上不同计算机内的信息有机地结合在一起,并且可以通过超文本传输协议(HTTP)从一台Web服务器转到另一台Web服务器上检索信息。Web服务器能发布图文并茂的信息,甚至在有软件支持的情况下可以发布音频和视频信息。此外,因特网的许多其他功能,如电子邮件、远程登录、文件传输等都可以通过万维网实现。

万维网技术赋予了因特网强大的生命力,很快得到推广应用,它改变了人类的生活面貌。直到今天,万维网依然是最主要的网络应用之一。万维网的发明者伯纳斯-李则仍然坚守在学术研究岗位上,献身科学。

伯纳斯-李①

# 1993 年

# 安德里森等开发出浏览器软件 Mosaic

如果说因特网的出现是人类交流方式的一场革命,那么这场革命最激动人心的高潮之一就是由伯纳斯-李和安德里森带来的网络使用方式的变革,变革的标志则是万维网和网页浏览器的普遍使用。伯纳斯-李在发明万维网的同时发明了第一个网页浏览器,不过这种原始的浏览器是专门为 NeXT 平台开发的,并不是普通大众可以使用的东西。很快,各种浏览器软件被开发出来了。真正开启因特网时代的被普遍接受的浏览器是安德里森开发的。

安德里森ⓒ

万维网发布后,各种网页浏览器软件也陆续出现,这些浏览器大都是以显示文本为主的。1993 年 2 月,出现了第一款能够在同一个窗口中显示文本和图像的网页浏览器——Mosaic,它是由设在伊利诺伊大学的美国国家超级计算机应用中心(NCSA)发布的。

Mosaic 的开发者是当时在伊利诺伊大学读书、同时到 NCSA 打工的安德里森和他的合作者克拉克,最初的开发平台是 UNIX。同年发布的 Mosaic 1.0 正式版实现了在 Macintosh 和 Windows 平台上的运行,解决了万维网没有可靠浏览器的问题。Mosaic 的诞生是因特网历史上重要的里程碑之一,对后来出现的各种浏览器产生了深

NCSA 大楼ⓘ

远影响。Mosaic是第一个面向普通用户的浏览器，它让没有丰富计算机知识的人也有机会接触因特网，了解因特网。它不仅使超文本文件格式的优点得到了充分的发挥，而且也将对因特网用户的技术要求降到了最低，只要用一个小小的鼠标，就可以进行操作。

克拉克①

1994年3月，安德里森与克拉克共同创立了Mosaic公司，中文译作"美盛公司"，继续开发新的浏览器。为避免与NCSA的法律纠葛，Mosaic公司于当年11月更名为Netscape Communication Corporation，中文译作"网景通信公司"。同年12月，第一个Netscape Navigator(导航者)浏览器发布。值得一提的是，该软件当初预定以Mozilla的名称公开，出于市场取向的理由才更名为Netscape，但是软件开发代码依旧是Mozilla。据说Mozilla一词是由Mosaic Killa(Mosaic终结者)和"Godzilla eat the Mosaic"(哥斯拉吃掉Mosaic)合成而来，表明这款新浏览器要取代Mosaic的业界领导地位。

Netscape Navigator是最早出现并被广泛应用于Internet的浏览器之一，包括一系列实用组件：浏览器、电子信箱客户程序、新闻组、简易网页编辑器和即时消息工具等。Netscape Navigator推出之后立即成为主导浏览器，迅速占据了90%的市场份额。

Netscape Navigator 1.11安装盘①

与此同时，NCSA将Mosaic的商业运营权转售给了Spyglass公司，该公司又向包括微软公司在内的多家公司技术授权，允许他们在Mosaic的基础上开发自己的产品。1995年，微软公司基于Mosaic的技术核心开发出了自己的第一代浏览器Internet Explorer(简称IE) 1.0，并于同年8月开始在其新版32位操作系统Windows 95中搭售。这一事件成为第一次浏览器大战的起点。

1997年，Netscape Navigator和IE都推出了4.0版本。由于出现Bug和CSS误译，Netscape Navigator的市场占有率渐渐被IE侵蚀。1998年初，Netscape Navigator改为免费软件，正式开放源代码，此时其市场占有率已经跌到57%。同年，网

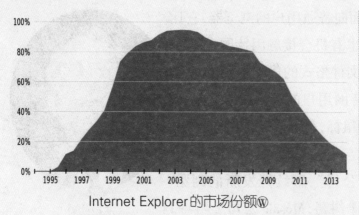

Internet Explorer 的市场份额⑩

Mozilla 基金会标识⑩

景公司内部成立 Mozilla 组织,开发自由的、跨平台的 Internet 应用套装软件。2003 年,Mozilla 组织更名为 Mozilla 基金会,其标识为恐龙形态的 Mozilla 头部半面相。而 IE 以预先安装的方式合并在微软公司的 Windows 98 操作系统之中,电脑安装好之后即可以使用,逐渐赢得了这场浏览器大战。

2004 年 11 月,Mozilla Firefox 1.0 发布。由于安全问题等多方面原因,IE 的市场占有率下跌至 85%。2006 年 10 月,微软和 Mozilla 同时分别推出 IE 7 和 Firefox 2.0,第二次浏览器大战拉开了序幕……

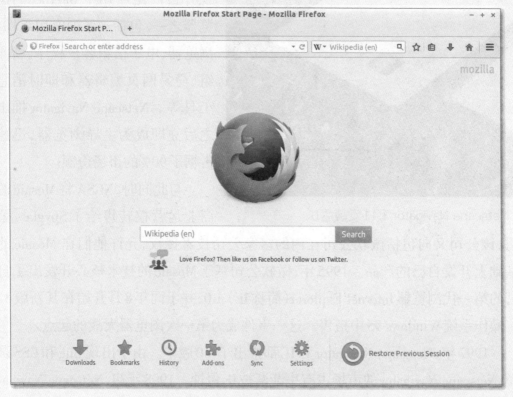

Mozilla Firefox 浏览器⑩

# 1993年
# 博客原型问世

　　博客是近年来兴起的一种网络交流形式。任何人都可以建立自己的博客页面，记录自己的经历和感悟，或者与他人分享有趣的事物。名人的博客往往具有极高的人气。此后流行的"微博"也是从博客发展而来的。博客这种交流形式是怎样诞生的？它又是怎样在网络上流行起来的？

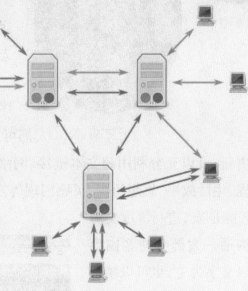

　　在因特网诞生初期，人们使用新闻组（Usenet）、电子布告栏（BBS）及聊天室等公共社区来交流信息。后来，出现了一种个人的信息发布方式——博客。博客一词源于"Web Log"，按字面意思就是网络日志。后来有人把它开玩笑地改成We Blog，由此，Blog这个词被创造出来。Web Log和Blog都可以译为"博客"。博

Usenet服务器与客户端Ⓢ

客是一种特别的网络个人出版形式，即在网络上发表文章。

　　1993年6月，美国国家超级计算机应用中心（NCSA）的一个小组用其开发的浏览器软件Mosaic建立了一个名为"What's New"的网页，罗列了当时新兴的网站索引，使用户能很容易地访问存储在因特网上的数据，这就是最早的博客原型。

197

Bl og Ⓨ

怀纳⓵

巴杰Ⓦ

1997年4月，美国计算机科学家、Userland公司CEO怀纳开始运作Scripting News，这个网站具备了博客的基本重要特性。1997年12月，美国博客专家巴杰建立了"Robot Wisdom Weblog"，第一次使用Weblog这个正式的名字。在博客领域，巴杰至今仍是一位非常有影响力的人物。他的贡献主要体现在博客的表现形式上，即将原先类似航海日志的那种无人称、客观、机械式的写作，转换成较接近旅游日志的有人称、有个性的自由书写。

博客上的文章通常根据张贴时间，以倒序方式由新到旧排列，并且不断更新。任何人都可以用博客来完成个人网页的创建、发布和更新；可以充分利用超文本链接、网络互动、动态更新的特点，将个人的工作过程、生活故事、思想历程、灵感闪现等及时记录和发布；更可以以文会友，结识和汇聚朋友，进行深度交流沟通。大部分博客内容以文字为主，也可以结合图像、音乐、视频等各种多媒体手段，甚至还有其他博客或网站的链接。能够让读者以互动的方式留下意见，是许多博客的重要元素。

韦弗老师的Blog⓵

微博是微型博客的

Twitter Ⓦ

简称，是一种通过关注机制分享简短实时信息的社交网络平台，内容通常不超过140字。微博更注重时效性和随意性，能表达出每时每刻的思想和最新动态，而博客则偏重于梳理自己在一段时间内的所见、所闻、所感。最早、最著名的微博软件是美国的Twitter，在中国则有新浪微博、腾讯微博等。

# 1995 年
# SUN 公司推出 JAVA 语言

C 语言有着简洁高效的魅力，但随着软件的规模与复杂度不断增加，人们对使用 C 语言开发软件也渐渐力不从心。C 语言开发的程序并不能适应所有硬件，调试过程极其耗时。面向对象的编程思想提出后，编程语言的抽象度再次提高，人们急需一种面向对象的编程语言来应对大型软件的开发，并希望编写的代码能在所有硬件平台上运行。在这样的需求下，一种新的编程语言诞生了。

1990 年 12 月，SUN 公司开始研究一个内部项目，该项目使用 C 语言构建。SUN 公司的首席科学家比尔·乔及很多参与该项目的其他工程师发现，C 语言及其应用程序编程接口非常复杂，难以使用。项目组成员、加拿大计算机科学家戈斯林起先试图修改和扩展 C 语言的功能，但是后来他放弃了。他转而想创造出一种全新的编程语言，并以他办公室外的橡树命名新语言为"Oak"。1992 年夏天，Oak 语言及其平台初步成形。

比尔·乔①

戈斯林①

由于市场需求没有预期的高，SUN 公司放弃了原来的研究计划。就在 Oak 语言几近夭折之时，因特网的发展使 SUN 公司看到了 Oak 在计算机网络上的广阔应用前景，于是决定对它进行改造。1994 年，改造后的 Oak 语言诞生了。但是此时，Oak 的名称已经被一家显示卡制造商注册，研究团队马上为新语言起了一个新名字——JAVA。JAVA 是印度尼西亚爪哇岛的英文名称，因盛产咖啡而闻名。许多咖啡店用 JAVA 来命名，以彰显其咖啡的品质。JAVA 语言中的许多库类名称也与咖啡豆有关，如 JAVABeans（爪哇豆）、NetBeans（网络豆）及

JAVA 标识Ⓦ

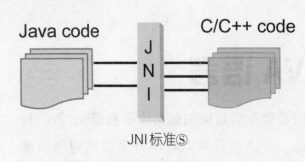

Java code    C/C++ code

J
N
I

JNI标准⑤

ObjectBeans(对象豆)等等。JAVA的标识也正是一杯冒着热气的咖啡。

1995年5月23日,在SUN World大会上,JAVA语言被正式公开。1996年1月,SUN公司成立了JAVA业务集团,专门开发JAVA技术。

　　JAVA语言的风格十分接近C和C++语言。它是一个纯粹的面向对象的程序设计语言,继承了C++语言面向对象技术的核心。JAVA舍弃了C语言中容易引起错误的指针、运算符重载、多重继承等特性,增加了垃圾回收器功能,使程序员不用再为内存管理而担忧。从JAVA 1.1开始,JAVA Native Interface(JNI)标准成为JAVA平台的一部分,它允许JAVA代码和其他语言写的代码进行交互。JAVA还带了个类似Office小助手的吉祥物,叫Duke。

　　JAVA是一种可以撰写跨平台应用软件的面向对象的程序设计语言,有时它也是JAVA程序设计语言和JAVA平台的总称。JAVA技术具有卓越的通用性、高效性、平台移植性和安全性,能广泛应用于个人计算机、数据中心、超级计算机、移动电话和因特网,同时拥有全球最大的开发者专业社群。在全球云计算和移动互联网的产业环境下,JAVA更具备了显著优势和广阔前景。

编译器作者霍夫(右)等JAVA主创团队成员在比尔·乔家聚会①

# *1996* 年
# 即时通信软件ICQ问世

**即时通信软件不同于电子邮件，用它进行的交谈是实时的。在高速网络环境的支持下，如今的人们可以随时与天南海北的朋友聊天、传输文件或展开视频对话。即时通信软件让人与人之间时刻保持联系，对因特网的普及也起到了一定推动作用。最早的即时通信软件是怎样诞生的？即时通信软件又是怎样流行起来的？**

1996年夏天，三名刚服完兵役的以色列青年维斯格、阿勒克·瓦迪和高德芬格发现，因特网上的电子邮箱往往被许多并不重要的信息所充塞，使得一些很重要的信息淹没其中，没有得到应有的重视和及时的反馈。他们决定发明一种更为快速的、能够直接传递信息的软件。阿勒克·瓦迪的父亲约西·瓦迪是以色列著名的投资人，在他的资助下，一家名为Mirabilis的公司成立，准备向注册用户提供即时通信服务。软件研制过程并不复

约西·瓦迪①

杂，三个小伙子只花了不到三个月就开发出了1.0版本。当年11月，新软件发布，取名ICQ，即英文"I SEEK YOU"的谐音，是"我找你"的意思。

ICQ的功能非常丰富。除了支持在因特网上聊天、发送消息、传递文件等基本功能外，你还可以知道何时朋友连上了网络；可以设置朋友的生日，把自己的生日提前通知大家；可以创建自己的ICQ主页，当你在线的时候别人就可以访问你的主页；可以利用ICQ插件发送贺卡、电子邮件或语音邮件；可以使用喜欢的字体、字号和颜色发送消息，并为不同的事件选择声音效果等等。

尽管最初的ICQ版本很不稳定，但它还是受到大众的欢迎，六个月内就有85万用户注册使用，ICQ一举成为当时世界上用户量最大的即时通信软件。到第七个月的时候，ICQ的正式注册用户达到了100万。ICQ一开始只推出了英文版，而且本身的技术并不复杂，所以很快各个国家都推出了本土的即时通信软件。

1998年11月，中国深圳的腾讯计算机公司成立。1999年2月，腾讯正式推

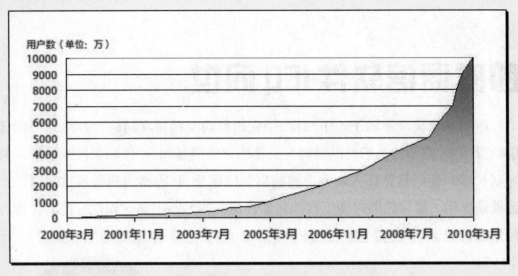

2000—2010年腾讯QQ最高同时在线用户数ⓦ

出第一款即时通信软件OPEN-ICQ,简称OICQ。OICQ是中国最早出现的即时通信软件之一,软件最初的设计完全仿照ICQ,从内容到形式直接照搬。ICQ没有中文版,也没有汉化补丁,所以OICQ一上市,大部分中国用户马上抛弃了ICQ。

2000年,为避免侵权,腾讯计算机公司将OICQ更名为腾讯QQ。腾讯QQ支持在线聊天、视频电话、点对点断点续传文件、共享文件、网络硬盘、自定义面板、QQ邮箱等多种功能,并可与移动通信终端等相连。腾讯QQ良好的易用性、强大的功能赢得了用户青睐,目前是国内使用最广泛的即时通信软件。

1999年,中国国内冒出一大批模仿ICQ的即时通信软件,如PICQ、RICQ、TICQ(TQ)、QICQ、MICQ、PCICQ、OMMO等,新浪、网易、搜狐等门户网站也开发了类似的软件。后来,百度Hi、Skype、MSN、网易POPO等各种各样的即时通信软件层出不穷,它们与腾讯QQ一起,改变了人们的交流方式。

腾讯大厦①

# *1997* 年
# 游戏软件兴起带动图形加速卡发展

电脑游戏是指在计算机上运行的游戏软件。1960年代,电子计算机进入美国大学校园,培养出了一批编程高手。1962年,麻省理工学院的学生拉塞尔在PDP-1型电子计算机上设计出了一款双人射击游戏"太空战争"(SpaceWar),这是世界上第一款真正意义上的电脑游戏。进入1990年

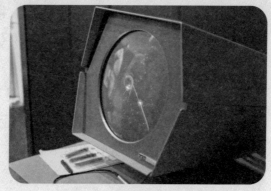

太空战争①

代,计算机软硬件技术的进步和因特网的广泛使用为电脑游戏的发展带来了强大的动力,而游戏软件的兴起也同时带动了计算机硬件的发展。

1997年,"侠盗飞车"(Grand Theft Auto)、"雷神之锤Ⅱ"(Quake Ⅱ)和"银翼杀手"(Blade Runner)等著名游戏软件陆续发布。"侠盗飞车"结合了动作冒险、驾驶、第三人称射击等要素,因其超高的自由度和多样的玩法而闻名。"雷神之锤Ⅱ"可以让32位玩家联网对战,支持16位的高彩分辨率图像,能提供从320×200到1222×1111的多种256色分辨率,图像的流畅程度达到了一个新高度。"银翼杀手"是西木工作室根据著名的同名经典科幻电影设计的动作冒险类游戏,有着4CD容量,在图像、声音、情节等方面都有杰出的表现。

"侠盗飞车"的广告牌Ⓦ

这些游戏的图形界面越来越逼真、越来越复杂,引发了玩家对3D(三维)技术的强烈需求。在强烈的商业刺激驱使下,大量的芯片厂商、PC设计者纷纷进军3D技术世界,竞相开发出3D应用程序接口,如3DR、Direct 3D、Heidi、OpenGL、Reality Lab等,新兴的3D图形技术逐步成熟起来。Direct 3D是微软公司在

# Microsoft® DirectX®

DirectX Ⓦ

Windows 操作系统上开发的一套基于微软通用对象模式的 3D 图形应用程序接口，后来成为 DirectX 的一部分。OpenGL 是独立于操作系统的开放图形应用程序接口，功能强大，具有很好的移植性。在家用电脑市场，DirectX 全面领先，但在专业高端绘图领域，OpenGL 是不能被取代的主角。

图形加速卡是有图形加速功能的显示卡，它内置了常用的绘图功能，能够有效减轻 CPU 的负担，大大改善系统的显示效果。以往只能在高档图形工作站和专用计算机中见到的图形加速卡，和游戏软件一起逐渐走进了办公室和家庭，成为继声卡和 CD-ROM 之后多媒体个人计算机的又一标准配置。

3dfx 芯片Ⓘ

说到 3D 图形加速卡，不能不提美国的 3dfx 公司。它成立于 1994 年，目标定位为以合理的价格提供世界上性能最高的 3D 游戏显示卡。1995 年 11 月，3dfx 公司的第一款图形加速卡 Voodoo 横空出世，它同时支持 Direct 3D 和 OpenGL，同时还引入了自己独有的 3D 图形应用程序接口 Glide。"古墓丽影"游戏首先采用了 Glide，游戏的成功使 Voodoo 成为当时效果最好的 3D 显示卡。后来 Glide 又得到"雷神之锤"游戏的支持。1997 年 11 月，Voodoo2 诞生。Voodoo2 的性能大幅优于 Voodoo，自带 EDO 显存和 PCI 接口，卡上有双芯片。随着"雷神之锤 II"风靡全球，Voodoo2 凭借"单周期双纹理"技术成为 3D 游戏的速度

Voodoo2Ⓘ

之王,是3dfx公司历史上最伟大的产品,它加强了3dfx公司在图形加速卡领域的霸主地位。

1998年,3D游戏市场风起云涌,大量更加精美的3D游戏集体上市,用户和厂商都期待出现更快更强的图形加速卡。各大厂商纷纷推出经典之作,如Matrox公司的MGA G200、Intel公司的I740、NVIDIA公司的Riva 128和TNT等。

Geforce 256①

到了1999年,图形加速卡的处理能力已经大大提升,开始成为计算机不可缺少的一部分。NVIDIA公司在推出GeForce 256显示芯片时提出了图形处理器(GPU)的概念。GPU是显示卡的心脏,相当于CPU在计算机中的作用,它决定了显示卡的档次和大部分性能。把原来由CPU计算的数据直接交给GPU处理,可以大大解放CPU。

GTX650显示卡①

从最初简单的显示功能到如今疯狂的3D速度,显示卡在画质、速度、接口类型、视频功能等方面都得到了不断提升。从EGA到VGA、XGA,从黑白两色到32位真彩色,从ISA、PCI接口到AGP、USB接口,从8位到256位……显示卡不断地更新换代,处理能力不断提高。时至今日,显示卡不但能够处理复杂的3D图形,甚至还可以作为协处理器,运用在通用计算之中呢。

# *1997* 年
# "深蓝"计算机战胜国际象棋世界冠军卡斯帕罗夫

电影《终结者》中的机器人◎

自从计算机诞生以来,人们便不断想方设法增强计算机的性能,以让计算机帮助人类做更多事情。但随着人工智能的发展,人们又开始隐隐担心:计算机会衍生出机器文明,从而最终取代人类吗?这种担忧成了科幻小说及电影的绝佳素材。著名电影《终结者》系列就讲述了这样一个故事:人类研制的高级计算机控制系统"天网"全面失控,机器人有了自己的意志,将人类视为假想敌人,并发射核弹到地球的各个角落,杀死了几十亿人……抛开科幻故事,在现实世界中,计算机也确实战胜过最强的人类冠军,这件事发生于1997年。

早在1950年代,计算机科学家就对用国际象棋测试计算机的计算能力抱有浓厚的兴趣。1980年,计算机科学家许峰雄从台湾大学电机系毕业,然后到卡内基·梅隆大学攻读计算机科学。1985年,许峰雄研制出了能够计算国际象棋棋路的芯片,并在此基础上构建了一台"芯片测试"(Chip Test)模型机,这个研究成果让许峰雄

许峰雄⑤

和他的同学赢得了1987年美国计算机协会组织的计算机博弈锦标赛。1988年,许峰雄与其合作者成功研制出智慧更发达、思维更敏捷的"深思"(Deep Thought)计算机,每秒钟能够分析70万步棋,并在一次人机大战中击败了丹麦国际象棋特级大师拉尔森。IBM公司认为"深思"具备极其重大的开发价值,于是将许峰雄和他的两位同事请到

拉尔森◎

了设在纽约的计算机研究中心。

卡斯帕罗夫，俄罗斯国际象棋特级大师。他6岁开始下棋，17岁晋升国际特级大师，22岁时成为世界上最年轻的国际象棋冠军，此后在国际象棋领域傲视群雄。1989年，"深思"计算机在与卡斯帕罗夫进行的人机大战中以0比2惨败。许峰雄明白"深思"还不尽完美，有很大的改进空间。

卡斯帕罗夫①

1995年，许峰雄所在的研究小组设计出了新的国际象棋专用处理器芯片，并且配备了IBM的RISC System/6000平行可扩充系统，组成了一台超级计算机，运算速度达到每秒种分析1亿步棋。IBM公司给这台超级计算机起名为"深蓝"（Deep Blue），由其雏型机"深思"及IBM的昵称"蓝色巨人"（Big Blue）两个名字合并而成。开发者们给"深蓝"输入了100年来所有国际象棋特级大师的开局和残局下法。

1996年2月10日到2月17日，"深蓝"首次挑战卡斯帕罗夫。六局对抗，"深蓝"1胜2平3负，以2比4落败。虽然卡斯帕罗夫最终赢得了比赛，但"深蓝"也小胜一局，这是计算机第一次在锦标赛中战胜世界冠军。卡斯帕罗夫感觉到，对面坐着的是一个拥有智能的家伙。与他较量的与其说是一台计算机，不如说是一群面无表情的IBM科学家。

接下来的一年里，许峰雄和同事们继续对"深蓝"进行改进，把它变成速度更快、棋力更强、性能更高的超级计算机。IBM公司还邀请了四位国际象棋特级大师做"深蓝"的陪练，不断修改完善它的棋路。改进后，"深蓝"的运算能力提升到每秒种分析2亿步棋，因而非正式地被称为"更深的蓝"。

1997年5月3日到5月11日，改进后的"深蓝"再次向卡斯帕罗夫发起挑战。比赛

"深蓝"计算机①

决胜局盘面Ⓢ

是在一个小型的电视演播室内进行的，观众在能容纳500人的剧场内通过电视屏幕观看比赛，剧场与比赛举行场地仅相隔几个楼层。卡斯帕罗夫先拔头筹，紧接着"深蓝"扳回一局，接下来的三局双方打成平手，各积2.5分。

最后一局比赛格外引人瞩目。"深蓝"执白以王兵开局。卡斯帕罗夫开始依然采取稳扎稳打的战略，构筑防线。但他有一步棋走错了顺序，白棋乘机在第8步用以"象"换"兵"的方法赢得了先手。第18步，卡斯帕罗夫用杀伤力最强的"后"交换对方的"车"和"象"，看似不很吃亏，但盘面上自己的一个"象"或"车"有可能丢掉。当"深蓝"第19步将棋盘上的"兵"走到C4位置时，卡斯帕罗夫无心恋战，推枰认负。

卡斯帕罗夫与"深蓝"的人机大战引起了全球媒体的密切关注，每天都有数千万人关注棋局的进展。正当世人对人机大战的胜负议论纷纷时，IBM的一位科学家指出：谁胜谁负并不重要，重要的是进一步理解人脑的思维方式，以将这类成果应用于研制处理能力更强的计算机，使之成为能够帮助人们决策的工具。

观众在剧场内观看人机大战Ⓢ

# 1999 年
# 第一届 Linux World 大会开幕

Windows 是单用户的操作系统，虽然它有利于个人计算机的普及，但是却无法保持稳定的运行。而大型计算机通常使用 UNIX 或类 UNIX 操作系统。类 UNIX 操作系统主要是指模仿 UNIX 的操作环境、重写全部代码所形成的新操作系统，其操作方式和 UNIX 基本一致，其中最常见的一个叫 Linux。

UNIX 是美国贝尔实验室 1969 年开发的操作系统。在第 7 版推出后，UNIX 源代码实行私有化，不允许自由使用。荷兰阿姆斯特丹自由大学计算机科学系的塔能鲍姆教授为了能在课堂上讲解操作系统运作的细节，决定在不使用任何 UNIX 源代码的前提下，自行开发一个类 UNIX 操作系统，以避免版权上的争议。他开发的操作系统叫 MINIX，即小型 UNIX（Mini UNIX）。

塔能鲍姆①

林纳斯·托沃兹，芬兰程序员、黑客。他 1988 年进入赫尔辛基大学计算机科学系，1989 年服义务兵役，1990 年退伍后回到大学。因为不喜欢 386 电脑上的 MS-DOS 操作系统，

托沃兹①

托沃兹安装了塔能鲍姆教授的 MINIX。但是 MINIX 只允许在教育上使用，托沃兹打算以 MINIX 源代码为样本开始打造自己的操作系统，这就是后来的 Linux 内核。Linux 的意思是林纳斯开发的类 UNIX 操作系统。

1991 年 4 月，托沃兹设计了一个系统内核 Linux 0.01，并在 Usenet 新闻组（comp.os.minix）上宣布这是一个免费系统，其源代码任何人都可以免费下载。当年 10 月 5 日，托沃兹发布了 Linux 的第一个正式版本——0.02 版。

严格来讲，Linux 并不是一个操作系统，它只是

斯托曼①　　　　　　　　GNU/Linux 的标志①

操作系统的一个内核。它是自由软件和开放源代码软件发展中最著名的一个例子。自由软件是一种可以不受限制地自由使用、复制、研究、修改和分发的软件。自由软件基金会是一个致力推广自由软件的美国民间非营利性组织，它最早的目标之一是推动所谓的 GNU 计划，即创建一个完全兼容于 UNIX 的自由软件环境。自由软件基金会和 GNU 计划都是黑客斯托曼创立的。由于 Linux 内核使用了许多 GNU 程序，斯托曼认为应该将整个操作系统称为 GNU/Linux。不过，人们已经习惯了直接用 Linux 来称呼整个基于 Linux 内核的操作系统。

Linux 出现后，首先在个人爱好者的圈子里迅速发展起来。Linux 完全免费，用户可以通过网络或其他途径方便地获得，并可以任意修改其源代码。1993年，100 余名程序员参与了 Linux 内核代码的编写/修改工作，其中核心组由 5 人组成。1994 年 3 月，Linux 1.0 发布，其代码达到 17 万行。借助因特网的传播，汲取了无数程序员智慧精华的 Linux 逐渐发展壮大起来。

1996 年 6 月，Linux 2.0 发布，此内核有大约 40 万行代码，可以支持多个处理器。此时的 Linux 已经进入了实用阶段，全世界大约有 350 万人在使用。

1999 年是 Linux 取得突破的一年。1 月 25 日，Linux Kernel 2.2.0 发布，这是一个正式、稳定的 Linux 内核版本，性能卓越。3 月，第一届 Linux World 大会开幕，这是一个聚焦于开源软件和 Linux 问题的信息技术会议，它象征着 Linux 时代的来临。随着开源软件在世界范围内影响力的日益增强，Linux 技术已经成为IT 技术发展的热点，投身于 Linux 技术研究的机构和软件企业越来越多。在中低端服务器市场，Linux 已经成为 UNIX 的有力竞争对手，成为服务器操作系统领域的中坚力量。

# *2000*年

# AMD 公司打破 Intel 公司在微处理器市场的垄断地位

在微处理器领域,Intel 公司是不折不扣的巨无霸。自从 IBM PC 及大量兼容机厂商开始采用 Intel 公司的微处理器,整个个人计算机微处理器市场几乎被 Intel 公司垄断。对此,谁会站出来挑战?

美国超微半导体公司(AMD)成立于1969年,是一家集成电路的设计和生产公司,专为计算机、通信及电子消费类市场供应各种芯片产品,包括微处理器、闪存及基于硅片技术的解决方案等。公司创始人桑德斯曾任仙童半导体公司销售部主任。

桑德斯Ⓢ

创办初期,AMD 的主要业务是为其他公司重新设计产品,提高它们的速度和效率。1975 年,AMD 公司开始生产微处理器。1976 年,AMD 公司与 Intel 公司签署专利相互授权协议。1982 年,AMD 公司与 IBM 公司签署协议,成为继 Intel 公司之后 IBM PC 微处理器的第二供应源。1995 年,AMD 公司与康柏公司结成长期联盟,为康柏计算机提供 AMD 486 微处理器。这段时期,AMD 公司的产品一直追随着 Intel 公司的脚步。

AMD 的 8080Ⓘ

1996 年,AMD 公司收购了 NexGen 公司,致力创建一种能在市场上引入竞争的微处理器系列。1997 年,AMD 公司推出 AMD-K6 微处理器,帮助将 PC 机的价格首次拉低到 1000 美元以下。

NexGen 的 586Ⓘ

Athlon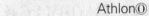

Thunderbird①

　　1999年，AMD公司设计和生产了首款自行研发、兼容Windows的处理器——Athlon（速龙）。Athlon处理器属于第7代CPU，它以500MHz为起跳频率，采用200MHz高速前端总线，具备超标量、超管线、多流水线的RISC核心，包含了三个解码器、三个整数执行单元、三个地址生成单元、三个浮点运算单元，可以在同一个时钟周期同时执行三条浮点运算指令。当时，Intel Pentium Ⅲ处理器的优势在于良好的兼容性和较低的发热量，AMD Athlon处理器的优势在于较低的价格和优良的性能。从模仿到创新，AMD公司一直在不断努力，力图超越Intel公司。

　　1GHz主频是一个里程碑式的概念，谁能最先突破这个关口就意味着谁将获得用户的认可。Athlon处理器推出之后，Intel公司与AMD公司的主频之争达到了前所未有的激烈程度。2000年，AMD公司发布了第二个Athlon内核——Thunderbird（雷鸟），终于率先达到了1GHz主频，而且在性能上也稍微领先于Pentium Ⅲ。这次胜利证明了AMD EV6总线在架构上的深厚潜力，标志着AMD公司终于打破了Intel公司在微处理器市场的垄断地位。

　　2003年，AMD公司先于Intel公司发布64位的Athlon 64，此后又率先发布拥有双核的Opteron处理器。正因为有了AMD和其他公司的强有力挑战，微处理器才会有如此迅猛的发展势头。

AMD公司总部①

# 图片来源

本书所使用的图片均标注有与版权所有者或提供者对应的标记。全书图片来源标记如下：

Ⓖ 华盖创意（天津）视讯科技有限公司（Getty Images）

Ⓨ 北京图为媒网络科技有限公司（www.1tu.com）

Ⓦ 维基百科网站（Wikipedia.org）

Ⓟ 已进入公版领域

Ⓒ《彩图科技百科全书》

Ⓢ 上海科技教育出版社

Ⓞ 其他图片来源：

P3右下、P147右中、P156右中，David Monniaux；P4左下，Kolossos；P6左下，Jitze Couperus；P9左下，Geni；P11右下，Adam Schuster；P13右下、P182右上，Sandstein；P14左下，GabrielF；P15左下，Lmno；P16左上、P75右上，Wolfgang Hunscher；P16右下，Computer Geek；P17右上，Venusianer；P17右下，Clemens Pfeiffer；P20左下，Texas Dex；P20右下，Eye Steel Film；P22下，Cburnett；P23左上，Manop；P23右下，Nickolay Angelow；P25左中，Dan；P25右中，Muncyt2；P27上、P27右下，Daderot；P28下，Hanno Rein；P31右上，Ibigelow；P32左上、P32右下，University of Cambridge；P33右下，Ed Thelen；P35下，Ulfbastel；P36左下，Orion 8；P37左中，Sten Soft；P38左上，Ushuaia.pl；P39左上，Medvedev；P39右上，Kentin；P39右下，Etineskid；P40下，Raymond Cunningham；P42下，Ad Meskens；P44下，Clemens Vasters；P47左上，Arnold Reinhold；P48左上，Shao19；P48右下，Flominator；P49左上，Guilherme Ferraz；P50左上，Bc Jordan；P51右上、P113右上、P154左中，卢源；P53左上，Iain MacCallum；P54左下，Chuck Painter；P55左上，Dicklyon；P56左上，James R. Biard；P56右下、P104右上、P104左下、P114左下、P114右下、P115右上，Intel Free Press；P58下，Piotrus；P59右上，Eriktj；P59左下，Hamilton Richards；P61上，Antoine Taveneaux；P61右中，Science Museum London；P62左上，Jason Dorfman；P63左下、P90左下、P103下、P137下、P193左上、P212下，Coolcaesar；P64右下，Thijs Ruiter；P65右下，Untillde；P66左上，Seattle Municipal Archives；P68上，Llabexpert；P68右下，Kerry Rodden；P69右上，Dratini0；P70左上，SRI International；P71左上、P71右下，Gemke；P73下，Dojarca；P75左下，Richard Edwin Stearns；P78右下，Erik Pitti；P79左下、P143左上二，Steve Jurvetson；P80左上，Stefan Kögl；P80下，Joe Mabel；P83右上，CHF photographer；P84下，David Carron；P85右下，Eric Wieser；P86右下，Expert Systems；P87右上，Michael L. Umbricht；P87右下，Vishnugsr；P88右下，Alexis Martinez；P89右下，Ecemaml；P90右下，Joseph Birr-Pixton；P94左上，David Dobkin；P96下，Llcermms；P101右上，Robert M. McClure；P101右下，Tomislav Medak；P103右上，Stahlkocher；P105上，Broken Sphere；P106左上，Jacob Appelbaum；P106右下，TeX Users Grou；P109左下，Fast Lizard4；P110左上，Ricardoborges；P110右下，Denise Panyik；P111右上，Peter Hamer；P111左下，K. Hanger；P112左上、P128左

上、P155右上，Rama；P112右下，Konrad Jacobs；P113左下，Dennis Hamilton；P114左上，Jud McCranie；P116右下，Oracle Corporate Communications；P117上，Håkan Dahlström；P118左下，Renatokeshet；P120左上、P136右下、P144左下、P173右上，Marcin Wichary；P120右下，Bert Freudenberg；P121中、P121左下、P139右上、P205右上、P211右中、P211右下、P212右上，Konstantin Lanzet；P122左下，Andreu Veà；P124下，Evanherk；P125左上，Jiří Janíček；P126下，Toresbe；P127左上，Quasar；P127右下，Julesmazur；P128下，Simon Greig；P130右上，Spencer Smith；P131下，Martin Skøtt；P132左上、P132右上、P132右下、P160右下、P161右上，Rama & Musée Bolo；P133左上、P133右下，Veni Markovski；P136左上，Microsoft PDC；P139左下，Modano；P140左上，Kees de Vos；P140右下，Miles Harris；P142左下，Sinchen Lin；P143左上一，Alan Light；P143右下，Ed Uthman；P144中上，Aljawad；P145下（左中右），WikiunoDuetre；P146左下，Appaloosa；P147下，Yehudit Garinkol；P149右上、P180左上，GNU Free Documentation License；P149左下一，Matt Crypto；P149左下二，Ajvol；P150左上，Night Gaunt；P150右下，Erik Tews；P151右上，Len Adlmen；P153左下，丁国朝；P157右上，Rocchini；P158左上，Quanwangdokg 10；P159左下，Hombre D. Hojalata；P160左上，German；P161左下，Steve Renouk；P162左下，Henry Mühlpfordt；P163左上，Compfreak7；P163右下，George M. Bergman；P165下，Fabio Lima；P172左上，Lisa Jobs；P172右下，George Chernilevsky；P173左下，Autopilot；P174左上，Perteghella；P174右下，Alexander Schaelss；P175左上，Nichtvermittelbar；P176下，freiermensch；P177左上，flip619；P178左上，Nafije Shabani；P179左上、P179右中、P179左下，Microsoft；P181右上，Hens Zimmerman；P182左下，Bilby；P183右上，Johann H. Addicks；P183左下，Goldman60；P183右下，Nils Schneider；P184左下，Reinhard Ferdinand；P185下，Coaster J.；P186右下，Wdwd；P187右上，Easy John；P187左下，Dinopkk；P188右下，Plenz；P192左下，U5K0；P193右上，www.elbpresse.de；P193右下，Uldis Bojārs；P194下，Ragib；P195右上，Knnkanda；P195左下，Toshihiro Oimatsu；P196右上，Mozilla；P196下，Gdominik100；P198上、P203右上，Joi Ito；P198右中，Weaverdad；P199右上，Squeak Box；P199中，Eugene Zelenko；P200下，Joenuxoll；P201右上，Danalif；P202左下，JHH755；P204右中，Raymangold22；P204左下，Creative Commons Attribution；P205下，Dsimic；P206左上，Jeremy Thompson；P206左下，Harry Pot；P207右上，Owen Williams；P207左下，James；P209右中，Gerard M.；P209左下，Krd；P210左上，The supermat；P210右上，Nicolas Rougier；P212左上，Maddmaxstar。

特别说明：若对本书中图片来源存疑，请与上海科技教育出版社联系。